海洋 探索未知事物
引领孩子走进海洋世界
DISCOVERY

"看见·海洋" "十四五" 国家重点出版物出版规划项目

GUANYU SHUIMU DE YIQIE

关于水母的一切

陶红亮　主编

海洋出版社

2024 年·北京

图书在版编目（CIP）数据

关于水母的一切 / 陶红亮主编 . -- 北京 ： 海洋出版社，2024.3

（海洋 Discovery）

ISBN 978-7-5210-1097-8

Ⅰ．①关… Ⅱ．①陶… Ⅲ．①水母－普及读物 Ⅳ．① Q959.132-49

中国国家版本馆 CIP 数据核字（2023）第 053355 号

海洋 Discovery

关于水母的一切　GUANYU SHUIMU DE YIQIE

总 策 划：刘　斌

责任编辑：刘　斌

责任印制：安　淼

设计制作：冰河文化·孟祥伟

出版发行：海洋出版社

地　　址：北京市海淀区大慧寺路 8 号
　　　　　100081

经　　销：新华书店

发行部：（010）62100090

总编室：（010）62100034

网　址：www.oceanpress.com.cn

承　印：侨友印刷（河北）有限公司

版　次：2024 年 3 月第 1 版
　　　　2024 年 3 月第 1 次印刷

开　本：787mm×1092mm　1/16

印　张：13

字　数：210 千字

印　数：1～3000 册

定　价：128.00 元

海洋 Discovery

| 顾 问 |

金翔龙　李明杰　陆儒德

| 主 编 |

陶红亮

| 副主编 |

李 伟　赵焕霞

| 编委会 |

赵焕霞　王晓旭　刘超群

杨 媛　宗 梁

| 资深设计 |

秦 颖

| 执行设计 |

秦 颖　孟祥伟

 前言

　　在地球上，海洋总面积为 3.6 亿平方千米，大约占地球表面积的 71%。海洋生物看似距离我们十分遥远，其实它们与人类处于同一个适宜生存的环境之下。让青少年认识海洋环境与海洋生物，保护濒临灭绝的动物和人类赖以生存的自然环境尤为必要。

　　"海洋 Discovery" 丛书是一套为青少年精心打造的海洋科普图书。书中图文并茂，语言轻松活泼，浅显易懂，可以让青少年直观地感受海洋的魅力，品味大自然的神奇。读完这套书后，人们不仅会发现每一个物种都是地球生物链中的一环，任何一个物种的缺失，都是一种无可挽回的损失，还能学会用艺术的视角看自然，用自然的胸怀看世界。

　　海洋中生活着很多生物，数量多到令人难以想象，其中最多的是浮游生物，常见的有水母、磷虾、蓝藻、硅藻等。

　　水母是一种简单而古老的生物，在海洋中生活了 5 亿多年，已经进化出了很多种类。有的水母非常小，如伊鲁坎吉水母，它只有几厘米长；有的水母是名副其实的"大个头"，如狮鬃水母，它得名于伞状体下那飘逸得像狮子鬃般的触手，它的顶部直径为 1.5 ～ 2.5 米，几乎有一辆汽车

那么长，而成年狮鬃水母的触手长达 20 ～ 40 米，比蓝鲸还要长；还有形状奇怪的蛋黄水母、冥河水母、灯塔水母、僧帽水母和绿叶水母等。

水母分布极为广泛，从南极到北极、从浅海到深海，到处都有它们的踪迹。它们拥有着令人着迷的气质，美到令人惊叹，是海洋中的"璀璨之花"，但同时它们又是神秘而危险的……

本书将带领青少年走进水母的神秘世界。书中共有 6 个章节，全面透彻地介绍了水母生物学和生态学方面的知识，共包括 30 多种水母的档案，并附有精美的图片。每个章节按照不同的主题组织内容，配有导语、海洋万花筒、奇闻逸事、开动脑筋等栏目，介绍关于水母的一切，如水母的形态、水母的食性、水母暴发等。

本书非常适合青少年阅读，内容精彩，图片精美，其对水母分门别类地详细介绍，既能让青少年获得关于水母的科普知识，还能得到美的享受。阅读本书，犹如为青少年打开了一扇水母知识之窗。

目录
CONTENTS

Part 6 | 人类与水母的关系

附录 | 水母图鉴

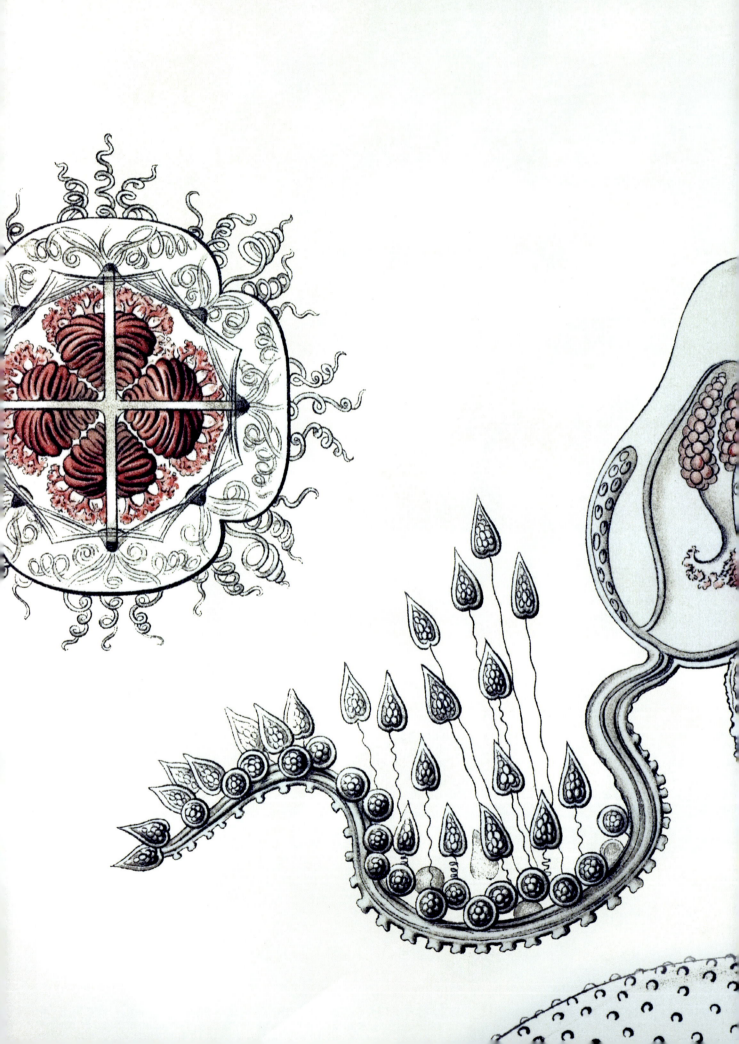

Part 1
水母的生活史简介

水母是地球上最古老的生物之一，比恐龙的历史还要悠久，它至少存活了6亿年。然而，经过6亿年的进化，水母依然像一种简单的多细胞生物。它有着人们日常生活中极为少见的克隆、雌雄同体现象，以及多样性的生活方式等。水母的生活史不仅奇异，还令人着迷。

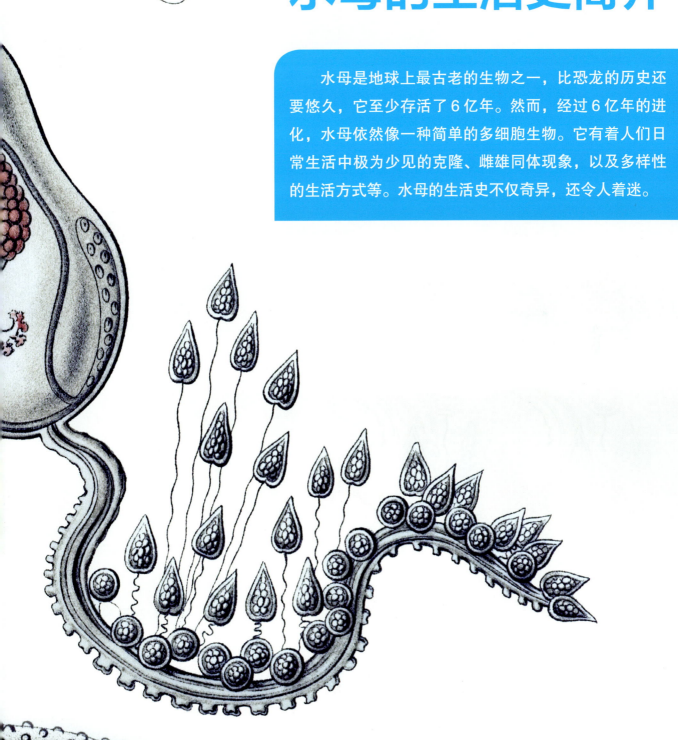

栉水母的生活史

　　目前，栉水母门中有 150 多种水母，有超过 100 种已经得到了描述。栉水母有的是球形、有的是椭圆形、有的是扁平形，其通体透明，身体呈中心对称的放射状，由内胚层和外胚层构成，中胶层十分发达。栉水母身上有类似"带子"一样的结构，即栉板，并因此而得名。栉板上长有很多纤毛，栉水母会利用纤毛的摆动在水中游动。在所有的水母中，栉水母有着最简单的生活史，个体会产下精子和卵子，受精卵发育成为幼体，后转化成小型成体，用不了多久就会成熟。

海洋万花筒

　　水母是一种身体构造简单、身份却十分复杂的动物。有些水母属于栉水母动物门，如扁栉水母和球水母等。还有些水母则属于刺胞动物门里的水母亚门，如钵水母和十字水母。

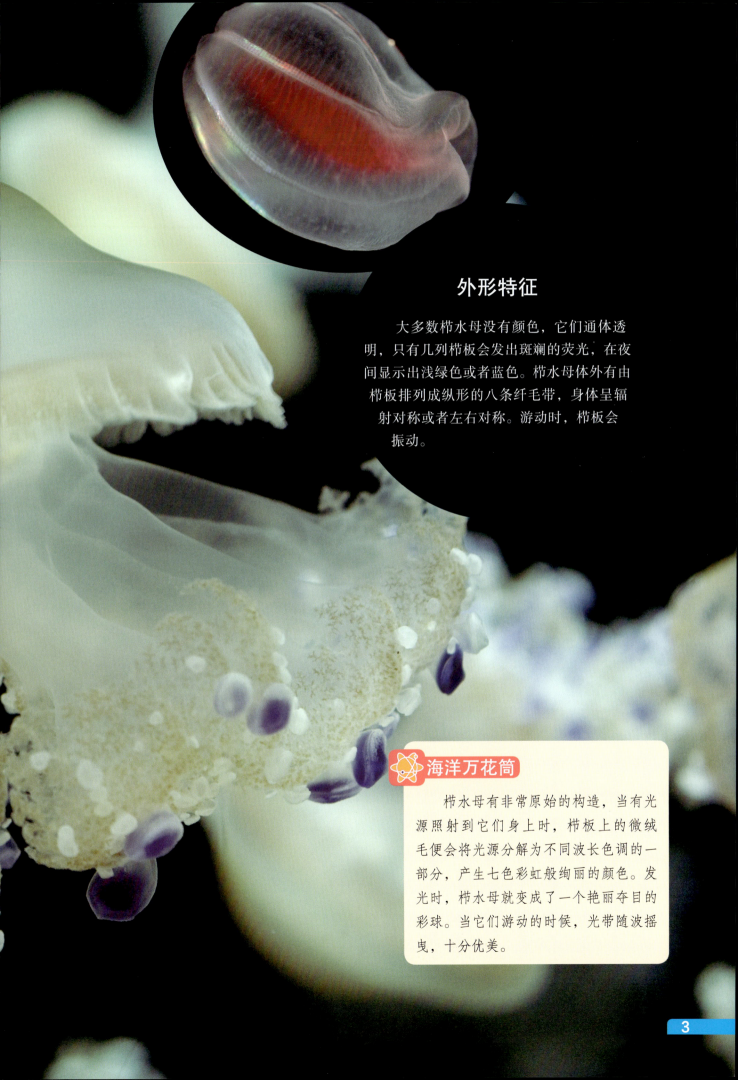

外形特征

大多数栉水母没有颜色，它们通体透明，只有几列栉板会发出斑斓的荧光，在夜间显示出浅绿色或者蓝色。栉水母体外有由栉板排列成纵形的八条纤毛带，身体呈辐射对称或者左右对称。游动时，栉板会振动。

🔆 海洋万花筒

栉水母有非常原始的构造，当有光源照射到它们身上时，栉板上的微绒毛便会将光源分解为不同波长色调的一部分，产生七色彩虹般绚丽的颜色。发光时，栉水母就变成了一个艳丽夺目的彩球。当它们游动的时候，光带随波摇曳，十分优美。

内部结构

　　栉水母的身体上端（反口面）有一个明显的感受器，即平衡器；在身体下端（口面）有口；栉板分布在平衡器附近与口之间。栉水母的口通咽，从咽的反口面连出复杂的管道系统，组成了消化管。在反口面，中央管有两个小孔，能将少量的废物排泄出来。消化管内壁加厚形成了生殖腺，而神经系统则较为原始。

体壁结构

　　栉水母有与钵水母一样的体壁结构，体壁包括内胚层和外胚层两层细胞，其中胶层含有来自外胚层的变形细胞和肌纤维，肌纤维即平滑肌，呈网状排列。体壁围成的空腔为消化腔，消化腔和口相连，食物从口进入，然后进入消化腔。

习性及繁殖

栉水母有两条充分进化的触手，能够分泌黏性物质。遇到猎物时，它会摊开自己如同蜘蛛网般的枝状触手。当猎物碰到其触手或者分枝时，就会被栉水母触手上的细胞分泌的黏液粘住，紧接着，触手会逐渐收缩，从而抓住猎物。同时，身体开始旋转，将触手卷绕于体外，等猎物靠近口时便张开口吞食，消化过程大约为1小时。所有栉水母（除一个寄生种外）都是以大量浮游生物为食的肉食性动物。

栉水母的繁殖

大多数栉水母为雌雄同体，生殖腺顺着栉水母板带的两侧发育，精巢位于一侧，而卵巢则位于另一侧。栉水母将精子和卵子注入海水中，它们在海水中结合成受精卵。受精卵发育成栉水母幼体，再发育成成体。在球栉水母目中，幼体在向成体转化的过程中变化很小，在成熟过程中形态几乎没有变化，只是简单地变大，并长出有利于有性生殖的生殖腺（精巢和卵精巢）。

🌟 海洋万花筒

栉水母是浮游动物中的一种，而浮游动物是一类经常在水中浮游，本身不能制造有机物的异养型无脊椎动物和脊索动物幼体的总称。浮游动物有很多种类，高等的有尾索动物，低等的有栉水母、甲壳动物、腹足动物、刺胞动物、轮虫等。几乎每一种类型都有永久性浮游动物的代表，其中桡足类最具代表性，其种类繁多、数量极大、分布广泛。

物种分类

目前，已知的栉水母大约有150种，尚未被命名的有40～50种。有一类被称作"侧腕水母"的栉水母，它们有很长的触手，并以捕食桡足类等小生物为生；有一些栉水母的外观像一架双翼飞机，游动时如同飞机喷洒农药一样。它们的短触手顺着嘴部分布，捉住附近的小生物并吞入口中。还有一些栉水母的触手已经进化成锯齿状，甚至还有一些寄生种类。大多数栉水母的体型较小，但有一种爱神带水母的触手可长达1米以上。

海洋万花筒

栉水母既有奇特的外形，还有独特的进化史，可以用"外星生物"来形容。事实上，栉水母没有大脑，只有神经系统。其神经系统十分发达，由一些异乎寻常的化学物质构成。从这方面来看，栉水母不同于其他动物。

开动脑筋

1. 描述一下栉水母的外形。
2. 栉水母有大脑吗？
3. 栉水母具有什么样的研究价值？

1. 栉水母大多没有颜色，通体透明，只有几个特征会受光照而泛光，它们身体上发亮的彩虹光泽有着各种颜色。

2. 栉水母没有大脑。

3. 栉水母细胞由光受体组成，是其感光细胞存在的原因，这使得人类能揭开更多动物之谜。

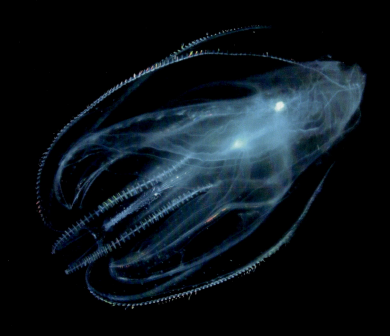

研究价值

《英国生物医学杂志》曾发表文章称，通过对栉水母的基因研究发现，其发光的原因在于体内有 10 种发光蛋白，即能监测光的视蛋白，目前其作用机理尚不明确。这是科学家第一次对生物性发光动物展开的基因测序。由于栉水母几乎位于动物生命树的底端，这些研究说明多细胞生物的发光蛋白以及传感蛋白的进化时间相同。也许正是这样的蛋白，使其感光分子更具多样性，如我们人类眼睛中的视杆和视锥。

🔬 海洋万花筒

美国佛罗里达大学做了一项研究后发现，在神经复杂性上，栉水母有区别于其他动物的路径。该研究的负责人莫罗兹在《自然》杂志上提到他们已经解码了 10 种栉水母的基因蓝图，并在文章中描绘了一个令人惊奇的发现，在一次显而易见的进化中，栉水母长出了更为复杂的器官，以及肌肉、神经元等，其行为方式也变得复杂起来。这一发现让人们重新对栉水母进行了分类。

钵水母的生活史

钵水母是最典型的水母，其成员常常被称为"真水母"。在水母体类群中，其生活史可能是最简单的。钵水母的生活史包括营固着生活的水螅体世代和营浮游生活的水母体世代。钵水母遍布各大洋，生活在热带、亚热带大陆架浅海区，特别是热带海区分布较多。

主要特征

钵水母的体型较大，伞缘直径一般为2～40厘米，其触手长达十多米。通体透明，局部呈橘红色或者粉红色，它有非常发达的中胶层，由蛋白质、黏多糖和胶原纤维构成。由于中胶层具有调节离子浓度的作用，使其能够在海水中悬浮。通过环行肌肉和纵行的肌纤维的收缩，钵水母就能运动起来。

世代交替现象

大部分钵水母有世代交替现象，分为水母体世代和水螅体世代，这两种世代有规律出现的现象叫作世代交替。通常，成熟的钵水母个体先进行有性生殖，生成浮浪幼虫，随后浮浪幼虫转变为水螅体。在一定的条件下，水螅体再释放出小水母，一个完整的生活史由此形成。

感觉器官为触手囊

钵水母身体包括上伞面和下伞面，伞的边缘有一圈触手。如果种不同，触手的数量也会不同。触手长短不一，有的是空心的，有的是实心的，还有极少数水母是没有触手的。钵水母的感觉器官位于伞的边缘，即触手囊。触手囊通常呈杯状，数目为4或4的倍数。触手囊结构比较复杂，上面分布着很多神经，具有感光的作用。

🌊 海洋万花筒

每一个水母体都属于同一批克隆个体，其中包括雄性和雌性两种性别。水母体的主要作用是进行有性生殖。当雌雄水母体交配后，就会产生一种称为"浮游子"的微小幼体，它们具有漂浮和扩散的能力。就像成熟的水果从树上掉落，把种子带到新的地方一样，浮游子也会随流而去，在合适的环境下附着生根，从而建立新的水母种群。

钵水母的生殖腺

钵水母是雌雄异体，生殖腺产生于内胚层，位于胃囊内。最原始的钵水母有 8 个生殖腺，位于隔板的两侧。而对无隔板的钵水母而言，其生殖腺有 4 个。雌雄两种水母将精子、卵子排到海水中受精，有的在口腕处结合成受精卵。受精卵会发育成浮浪幼虫，这是钵水母生命周期中真正的幼体阶段。这些幼体呈螺旋状自由游动几天，直到找到合适的岩石，然后固定下来，发育成水螅型幼虫，为钵口幼体，然后从顶端到基部进行无性生殖，这时为横裂体。横裂体会由顶端开始，逐渐脱离母体，幼年的水母型体由此形成，即碟状幼体。

幼年的水母体会不停地进食，有非常好的胃口，因此生长得非常快，有的能在短短几个月内就长到垃圾桶盖那么大。

刺细胞

钵水母的刺细胞是一种已经特化的上皮肌肉细胞，核位于基部，从体表伸出的刺针位于顶端，在光显微镜下观察，与鞭毛十分相似。刺细胞内有一个刺丝囊，囊内有细长盘卷的刺丝。当受到刺激时，刺细胞排出刺丝囊，刺丝囊内的刺丝外翻出来，以此来捕食或者防卫。

钵水母的消化系统

　　钵水母有十分复杂的胃循环腔，对原始的种类而言，口与中央的胃腔相通，胃腔向外延伸，形成4个有隔板的胃囊，并且隔板上有小孔，有利于胃囊之间液体的循环流动。

　　钵水母是肉食性动物，主要吃浮游生物和小的甲壳生物。它们先用触手对水中微小的浮游生物进行过滤，在纤毛的作用下，捕获物进入口及胃腔，被胃丝上的刺细胞杀死，胃丝上的腺细胞分泌消化酶来消化食物。消化的营养物由胃腔从辐管进入环管，而没有消化的食物残渣则依次经过正辐管、间辐管、胃腔及口，排出体外。

Part 1 水母的生活史简介

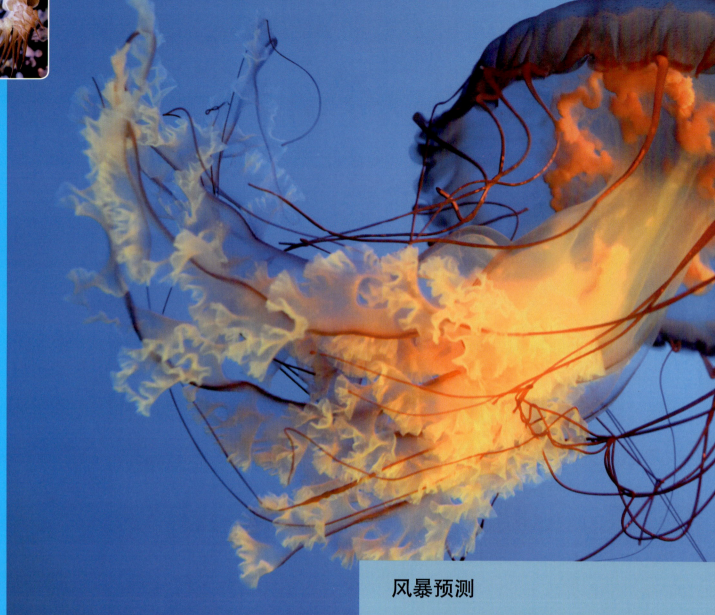

风暴预测

　　有时在水平如镜的海面，我们能看到钵水母聚集或者成群结队地游动，如果是经验丰富的渔民和海员，这时会意识到暴风雨即将来临，原因是空气中的气流及海浪的摩擦能产生一种次声波，人类察觉不到，而钵水母却能察觉到，并做好迎接暴风雨的准备。因此，一些钵水母被当作能够预测风暴的生物。仿生学家同样利用其触手囊结构研制出了风暴预测器，在风暴来临前十几个小时就能预测到，从而为航海者提供宝贵的信息。

开动脑筋

1. 钵水母为什么能预测风暴？
2. 钵水母的感觉器官是平衡囊还是触手囊？
3. 钵水母和栉水母的繁殖区别是什么？

你知道吗

1. 空气中的气流及海浪的摩擦能产生一种次声波，人类察觉不到，钵水母却可以察觉到。

2. 隔手囊。

3. 大多数钵水母是雌雄异体，栉水母则是雌雄同体。

致毒方式

　　有毒钵水母的致毒方式属于创伤中毒类型。这是刺胞动物共有的一种防卫和攻击方式，是由这类动物特有的刺细胞里一个特殊细胞器——刺丝囊，弹射出有毒刺丝蜇破人体皮肤而致毒。由于刺丝囊有双层壁，较厚，水不能渗透，囊内渗透压可高达 140 个大气压。

　　当刺细胞受到外部刺激（机械、化学或生物）触动触发器，水渗透入内，产生强大的水压，将刺丝囊内的刺丝弹出，弹射速度高达 2 米/秒，所产生的力量不仅可以射穿小型甲壳动物的角质层，而且还能射穿人体皮肤，深至真皮层，释放出毒液使被袭击者致毒。

神经感官系统

　　钵水母的神经结构具有突触传递的作用，其由外胚层形成。钵水母的神经细胞十分集中，形成 4 个或 8 个神经节，位于伞缘的触手囊中，其中包含了起搏点神经元，它支配着钵水母的肌肉收缩运动。如果切去全部神经节，钵水母就会失去搏动的能力；如果切去部分神经节，甚至只留下一个神经节，钵水母仍能做有节奏的收缩运动。钵水母伞缘的触手囊是其感觉中心，具备化学感受、重力感受和光感受功能，触手囊的末端具有内胚层分泌的钙质颗粒，也就是平衡石。其触手囊的感受能力较为敏锐，能感受到次声波。

立方水母的生活史

立方水母又称为方水母、箱形水母，它们是刺胞动物门、立方水母纲的成员。在生活史方面，它们与许多其他纲的水母类似，拥有固定的水螅体阶段和自由游动的水母体阶段，但它们在其他很多方面是独一无二的。到目前为止，立方水母是进化程度最高的水母。

外形特征

立方水母有 4 个面，伞部呈立方形，触手基部膨大，称为基垫或基板。触手上分布着约 5000 个刺细胞，可以随时喷射毒液。它们在水中呈半透明状态，让人很难察觉。

运动方式

立方水母身体中的重要成分是水，有一个内胚层和一个外胚层，两层之间是中胶层。中胶层是透明的，可以起到漂浮的作用。运动的时候，它经常会用喷水的方式进行反射前进，速度可达每小时 10 千米。从远处看，如同一把撑开的伞在水中漂浮。立方水母常常会成群地在大海中行动，场面十分震撼。它的身体能够释放出一氧化碳，当危险来临时，会释放掉自己身体里的气体，然后缓慢地沉入海底。

立方水母的繁殖

立方水母在水母体阶段时的性别是独立的，未发现雌雄同体的情况。大部分物种将精子和卵子注入水中，结合成受精卵。但在少数物种中，雌性立方水母将卵子保留在体内，受精过程发生在身体内部。

立方水母的浮浪幼体在纤毛的作用下呈螺旋式游动，粗端在前面，游动 2～3 天后，它会固定在河流入海的礁石处，在这里转化为水螅体。然后，水螅体开始进行无性生殖，分化成大量的小水螅。

🔬 海洋万花筒

立方水母是最早一批进化出眼睛的动物。立方水母有 24 只眼睛，位于管状身体顶端的杯状体上，能够感知光线的变化，并且差不多能看到 360 度范围内的环境，因此，立方水母可以在海洋中精准地躲开障碍物。

立方水母的发育

立方水母的一个水螅体只生成一只水母，这是它与其他种类的水母最大的区别，也是该种类水母毒性强的原因。专家们经过计算后发现，立方水母的新生水母每天可以长 1 毫米，有较快的新陈代谢速度，并且立方水母会自主游动，时速可达 10 千米。当长到 5 ～ 6 厘米时，立方水母就已经成熟了。其毒性越来越强，并具备捕食鱼类的本领。

澳大利亚箱形水母

澳大利亚箱形水母又称海黄蜂，是毒性最强的一种立方水母，同时也是世界上已知的、对人类毒性最强的生物。它在水中呈半透明状，游动速度很快，大多数生活在澳大利亚东北沿海水域。如果人不幸被蜇伤，半分钟后就会丧命。在澳大利亚昆士兰州沿海，在 25 年时间内，葬身于鲨鱼之腹的只有 13 人，但由于澳大利亚箱形水母而丧命的多达 60 人。

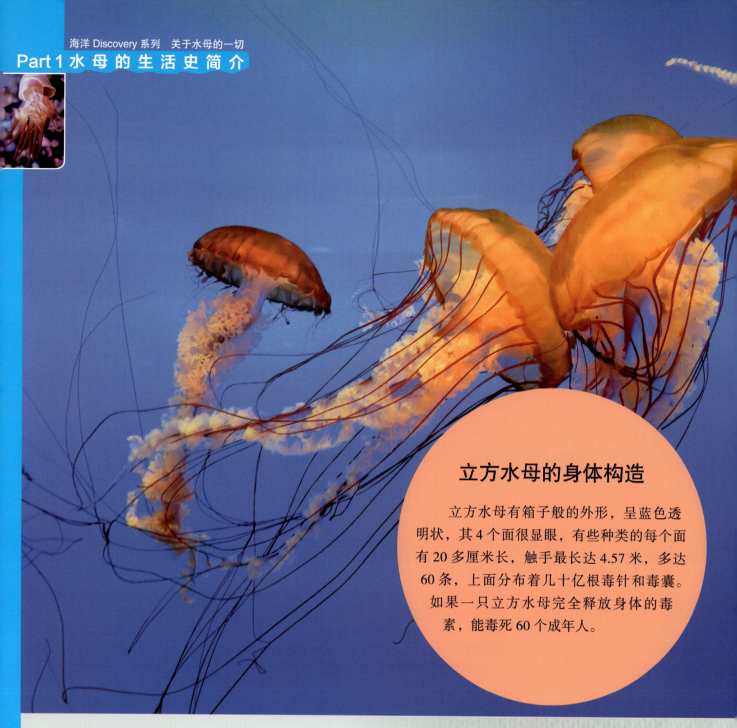

立方水母的身体构造

　　立方水母有箱子般的外形，呈蓝色透明状，其 4 个面很显眼，有些种类的每个面有 20 多厘米长，触手最长达 4.57 米，多达 60 条，上面分布着几十亿根毒针和毒囊。如果一只立方水母完全释放身体的毒素，能毒死 60 个成年人。

🗒 奇闻逸事

　　澳大利亚的某个海产品罐头加工厂，曾经在某天生产时，其中的一个罐头里混入了大约 1 厘米长的澳大利亚箱形水母的触手。虽然经过了高温烹煮，但其食用者很快就出现了中毒的症状。在被送往医院后，医院用尽了各种解毒方法，但依然没能挽回这个人的性命。他在进入医院 2 小时后被医生宣布死亡。这件事情在当时引起了澳大利亚政府的极大关注，派出了两名优秀的海洋生物研究员到海洋中寻找这种水母，不幸的是，其中一名研究员的脚部仅仅被澳大利亚箱形水母蜇了一下，在同事将其拉到小艇之前就已经死亡了。

五毒俱全

地球上有毒的动物的毒素差不多都是特化单一的。例如，毒蜘蛛的毒素只破坏皮肤组织，蝎子的毒素只攻击神经系统。但要解立方水母的毒十分困难，并且其毒素多种多样。其作用机理是：立方水母的刺细胞收到信号后会打开刺胞盖，快速地将刺丝发射出去，扎入猎物的身体中。由于刺丝上面有形状各异的倒刺，一旦进入猎物的身体中，就相当于"扎根"了。刺丝攻击的速度如同发射的子弹一样快，无论是哪种引起刺细胞内外溶液盐浓度平衡的举措，都会导致其释放更多的毒素。

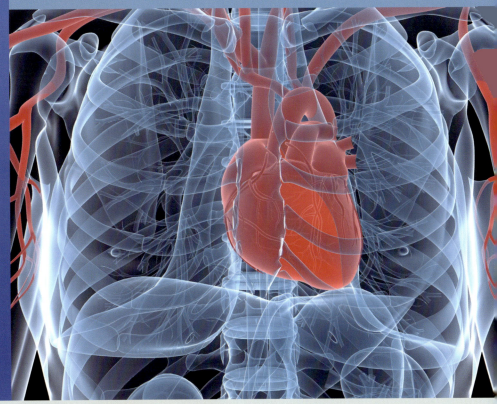

奇闻逸事

澳大利亚、美国、英国、法国等19个国家的科学家评选出10种"世界毒王"，分别是：（1）澳大利亚箱形水母；（2）澳洲艾基特林海蛇；（3）澳洲蓝环章鱼；（4）毒鲉；（5）巴勒斯坦毒蝎；（6）澳大利亚漏斗形蜘蛛；（7）澳洲泰斑蛇；（8）澳洲褐色网状蛇；（9）眼镜王蛇；（10）非洲黑色莽巴蛇。

开动脑筋

1. 立方水母有眼睛吗？

2. 澳大利亚箱形水母在"世界毒王"中排名第几？

1.立方水母有四片组成的眼睛
2.澳大利亚箱形水母是已知最毒的动物之一，对人类毒性居世界第一位

答案提示

水螅纲的生活史

　　水螅纲是一个非常多样的生物类群，不仅有单体形态，还有群体形态。一些物种同时拥有水螅体阶段和水母体阶段，而另外一些物种只具有其中的一种形态。其种类有 3000 多种，并且分布极为广泛，一些生活在浅水中，还有一些生活在深海中。

主要特征

　　（1）两胚层动物，为辐射对称或两辐射对称。
　　（2）结构简单，只有消化循环腔，无肛门。
　　（3）生活史多数有水螅体与水母体。
　　（4）有无性生殖和有性生殖两种生殖方式。
　　（5）发育有浮浪幼虫期。
　　（6）有网状神经系统。

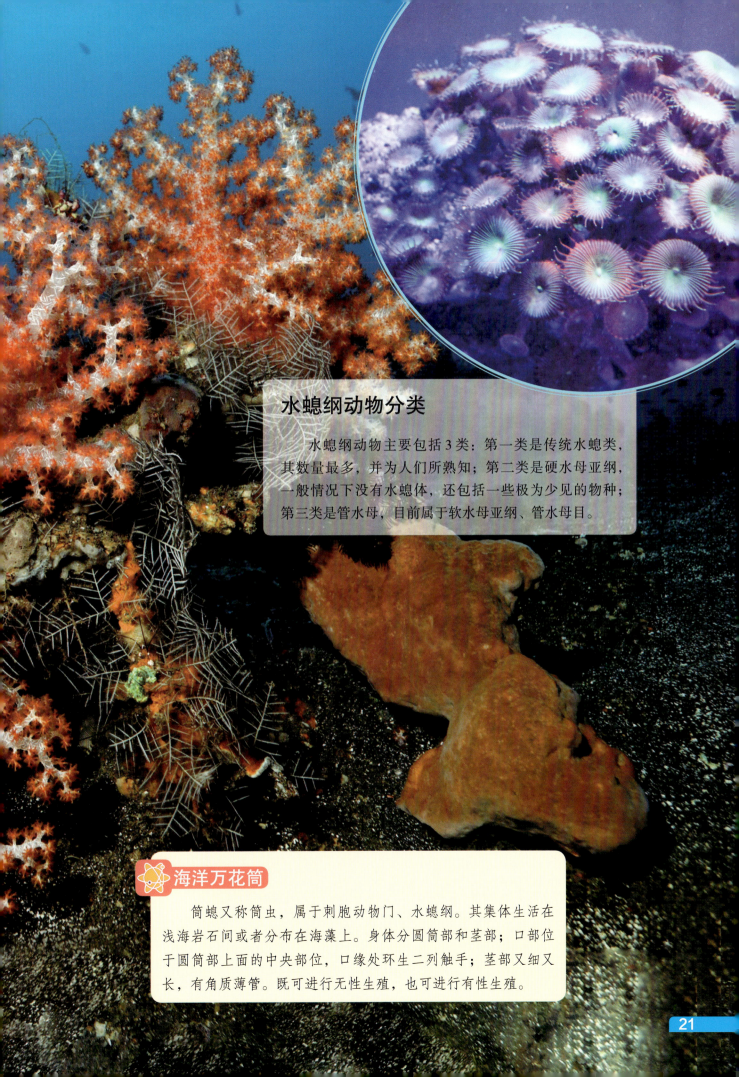

水螅纲动物分类

　　水螅纲动物主要包括 3 类：第一类是传统水螅类，其数量最多，并为人们所熟知；第二类是硬水母亚纲，一般情况下没有水螅体，还包括一些极为少见的物种；第三类是管水母，目前属于软水母亚纲、管水母目。

海洋万花筒

　　筒螅又称筒虫，属于刺胞动物门、水螅纲。其集体生活在浅海岩石间或者分布在海藻上。身体分圆筒部和茎部；口部位于圆筒部上面的中央部位，口缘处环生二列触手；茎部又细又长，有角质薄管。既可进行无性生殖，也可进行有性生殖。

水螅群体

螅根：如同植物的根部，群体基部附着在其他物体上的匍匐部分。

螅茎：直立的茎，垂直于螅根方向，水螅体和子茎（生殖体）会从螅茎中分化出来。

水螅体：提供营养，有与水螅差不多的构造，有实心的触手以及口，相对于水螅来说，垂唇稍大、稍长。

生殖体：只有一中空的子茎，透明的瓶状鞘围绕在子茎的周围，即生殖鞘。生殖体能进行克隆，营养主要来自水螅体。

共肉：群体的消化循环腔是相通的。群体中任何一个水螅体捕获猎物获取营养后，都由消化循环腔输送给其他部分。消化循环腔，即共肉腔。

生殖方式

在水螅纲中，水螅为雌雄异体。当卵巢里的卵成熟时，卵巢便破裂开，卵露了出来。而精巢内形成大量的精子，精子成熟后，从精巢中游出来，靠近卵子，并与之受精。受精卵分裂后通过分层的方式形成实心原肠胚。围绕胚胎分泌一壳，从母体上脱落下来后便沉入水底，等春季或者生存环境好转时，胚胎就发育好了。壳破裂开，胚胎逸出，发育成小水螅。

除了有性生殖外，水螅还有一种无性生殖方式，即出芽生殖，通过克隆的方式来制造自身的复制品。

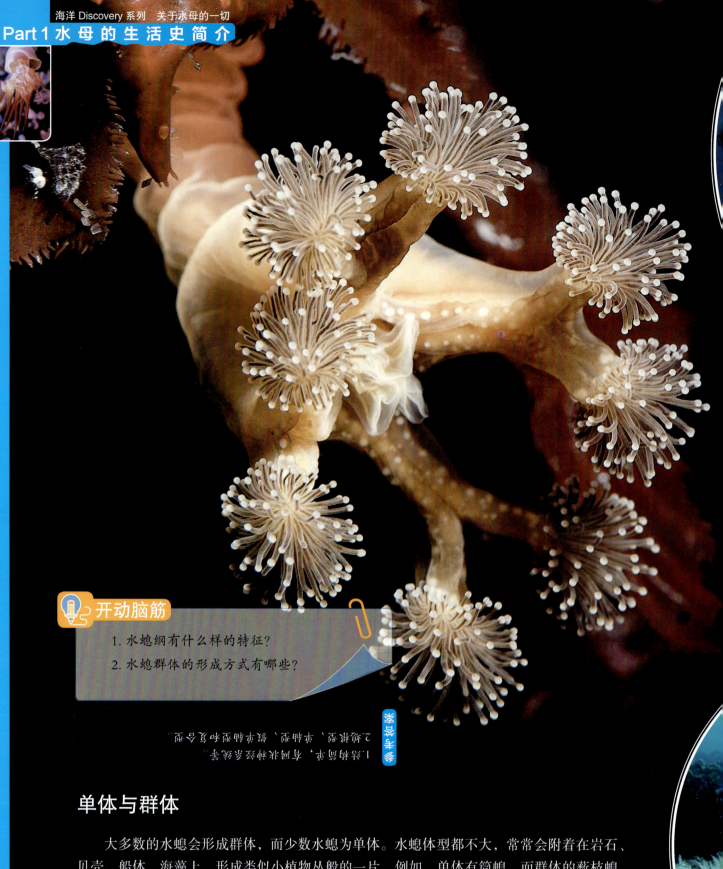

开动脑筋

1. 水螅纲有什么样的特征?

2. 水螅群体的形成方式有哪些?

参考答案

1.多数为群体,有固水母型和水螅型。

2.有出芽生殖、有性生殖,根据种类而有差别。

单体与群体

　　大多数的水螅会形成群体,而少数水螅为单体。水螅体型都不大,常常会附着在岩石、贝壳、船体、海藻上,形成类似小植物丛般的一片。例如,单体有筒螅,而群体的薮枝螅,整体呈树枝状,基部的螅根附着在其他物体上,螅茎分枝,每枝的尾端有一个螅体,口部周围有能够捕猎的触手。螅茎分枝的腋间长有长棒状的生殖体,成熟后,能够通过无性生殖的方式产生水母体。水母体有雌性和雄性,通过有性生殖,形成受精卵,受精卵发育成浮浪幼虫。全球海域的水螅水母大约有 450 种,而我国已经发现了 170 种。

世代退化

大部分种类的水螅纲动物不产生自由游动的水母体，其水母体会一直附着在亲本水螅群体上形成水母芽。换句话说，其水母体世代会出现一定程度的退化。例如，遍枝螅和筒螅一直分布在营养体的垂唇上，贝螅的水母芽始终附着在独立的螅茎上。这些水母芽出现了退化的现象，它们没有口、胃腔、触手，身体不再呈伞状。最后，水母芽退化成囊状体，水母形态不复存在。

水螅群体形成方式

水螅群体形成的方式有4种：

螅根型：芽体产生于螅根处，然后直立生长，一个芽体对应一个螅体。多见于贝螅这种原始种类。

单轴型：群体的生长带位于首个螅体的基部，所以首个螅体的茎能够一直向前延伸。当螅茎向前延伸时，新的螅体从侧芽那里长出来，而新的螅体的基部同样带有生长带，它也会一直向前延伸，在生长的过程中，新的侧芽又一次形成，这个过程重复下去，群体就会形成。主轴是由首个螅体形成的，并且个体越老，就越处于主轴的顶端，如真枝螅。

假单轴型：首个螅体的基部不带有生长带，所以不能延伸，它是通过出芽的方式来生殖，侧芽生殖出来后也不延伸，而是再次通过出芽的方式产生新的侧芽。因此，群体的主轴是由很多螅体的茎联合组成。个体越老，离群体基部就越近，如半真菌属。

复合型：假单轴型和单轴型复合模式。螅茎及侧枝的末端是生长点，能够一直向前延伸，其芽枝及螅体通过出芽的方式从侧面长出来，每个侧枝来自一侧的生长点。这种复合型群体形成方式多见于海榧这种较为高等的有围鞘的被芽类群体。

十字水母的生活史

　　十字水母纲里大约有 50 种水母。和钵水母不同，十字水母的体型通常比较小，长度只有几厘米甚至几毫米。那么，它们的外形有什么特点呢？

十字水母的外形特点

　　十字水母的外形像一个香槟酒杯，它们的身体五颜六色，有精致美丽的外表。十字水母身上的色彩并不是用来炫耀的，而是保护自己的手段，使它们能在绿色或者红色的海藻丛中伪装自己。这类水母一般有 8 条触腕，像星星的角一样围绕在它们身边。触腕的末端还有一个小球，用来捕食猎物，也可以防御其他猎食者的袭击。

生活方式

　　有些水母能够在水里自由地游泳，十字水母则比较安静，许多种类的十字水母都趴在海底的岩石或者海藻中不怎么动。从这种生活方式来看，十字水母更像是海葵或者珊瑚，而不符合人们印象中的动物形象。十字水母繁殖的方式也有自己的特点。有些水母，如钵水母，繁殖时需要先经历一个叫作横裂的过程。横裂是一个水母克隆自己的过程，也是水螅体在生成水母幼体之前进行横裂产生多个碟状幼体的过程。许多十字水母直接省略了这个过程，它们的幼体直接就能发育为成体。

🌞 海洋万花筒

　　十字水母的身体结构和其他水母有所不同。其他水母在小时候并不具备成年水母的伞状或者钟状结构，而是呈一种像是撑开的伞柄的形态，这就是水螅体的样子。大多数其他水母成年后，会和童年时的水螅体形态上下颠倒。但十字水母不会出现这种现象，它们成年后和幼年时的水螅体形态一样。

胞内寄生水螅虫的生活史

　　胞内寄生水螅虫纲也是水母的一种。它属于刺胞动物门、水母亚门中的一类，和钵水母纲、立方水母纲、十字水母纲和水螅纲一起组成了水母亚门这个庞大的水母分支。其他水母纲下大多有许多种水母类型，可在胞内寄生水螅虫纲中却只有一种，这就是胞内寄生水螅虫。

水母中的"异类"

　　胞内寄生水螅虫寄生在雌鲟鱼的卵细胞里，所以也被称作鲟卵螅。鲟卵螅虽然是一种水母，但它和人们印象中那种顶着一把大伞或者一口大钟在水中浮游的水母不同，鲟卵螅成年后靠自己的脚爬行。因此，从外形上看，它更像是一种很小的爬虫，而不是什么水母。此外，幼鲟卵螅为了方便吸取环境中的营养，会把自己的内脏露在身体外面，而把自己的体表放在身体内。这样内外颠倒的生长方式堪称水母中的"异类"。

成长过程

鲟卵螅的成长过程可以分为两个阶段：寄生生活阶段和自由生活阶段。鲟卵螅的"卵"寄生在雌鲟鱼的卵细胞内部后，就开始了一系列变化。原本用来发育内脏的那部分细胞层，从内部转移到了外部，最终让它们的内脏长在了身体外。原本应该是体表的部分则长在了体内。

小小的鲟卵螅，也就是水母的幼体浮浪幼虫，就在这种"内外颠倒"的状态下长大。雌鲟鱼排卵时，它们也跟着卵细胞被排出体外。这时，鲟卵螅再次把内脏翻回体内，而把触手等体表器官翻出身体，让它们回到自己应该待着的位置上。此后，鲟卵螅用自己的触手，刺破自己原来的家——鲟鱼的卵细胞，来到了水里生活。

海洋万花筒

鲟卵螅和其他水母的外形区别那么大，为什么科学家们认为它是一种水母呢？这是因为鲟卵螅的基因和另一类水母有很近的亲缘关系。这类水母是水母亚门里的水螅纲中的软水母目。所以，鲟卵螅就成了水母大家族里的一员。

Part 2
水母的形态特征

水母十分漂亮，它的外形如同一把透明的伞，伞状体直径大小不一，有的可达 2 米。伞状体边缘长着一些长达 20 ～ 30 米的触手。水是水母身体的主要成分，通常情况下，如果水母有 100 千克重，挤掉水后，其本身的体重只有 5 千克左右。水母由内外两个胚层构成，两个胚层中间有很厚的中胶层，具有漂浮的作用。

奇异的体态

　　水母有两种基本形态，即水螅体和水母体。一些种类在它们的一生中会在这两种形态之间进行转换。人们常常根据水母的伞状体的特点来给水母命名，有的伞状体散发着彩霞般的光，称为霞水母；有的伞状体能够散发出银色的光，称为银水母；有的伞状体像出家修行的僧侣的帽子，称为僧帽水母；有的伞状体像船上的白帆，称为帆水母；还有的伞状体像雨伞，称为雨伞水母。

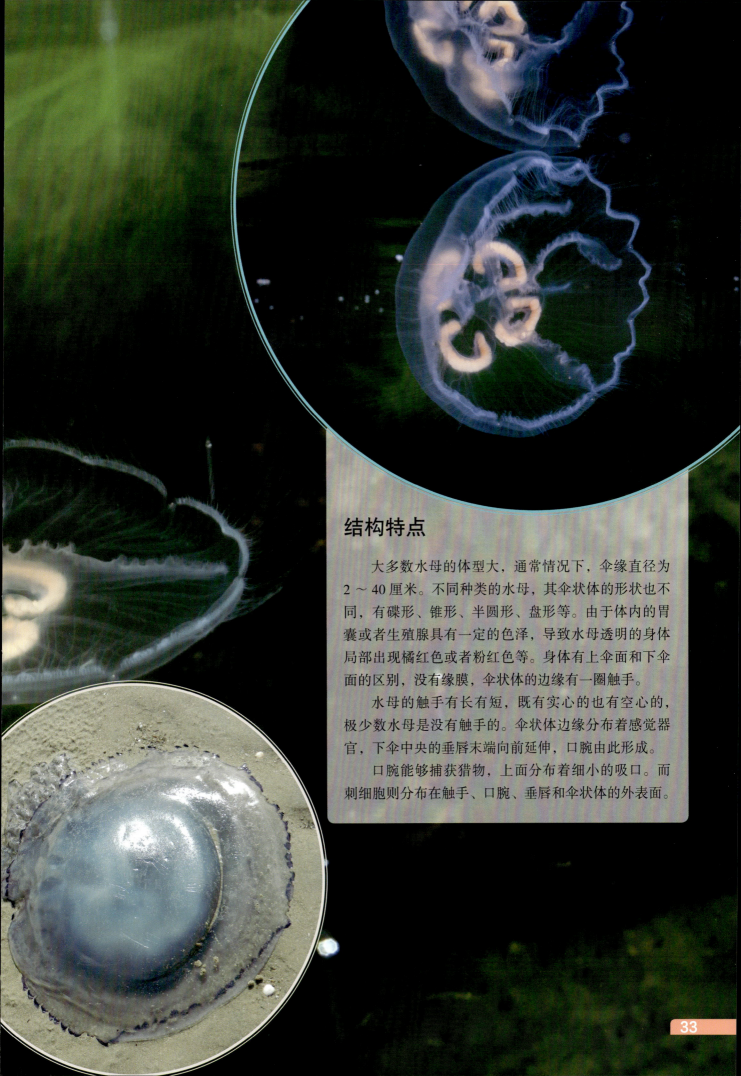

结构特点

大多数水母的体型大，通常情况下，伞缘直径为2～40厘米。不同种类的水母，其伞状体的形状也不同，有碟形、锥形、半圆形、盘形等。由于体内的胃囊或者生殖腺具有一定的色泽，导致水母透明的身体局部出现橘红色或者粉红色等。身体有上伞面和下伞面的区别，没有缘膜，伞状体的边缘有一圈触手。

水母的触手有长有短，既有实心的也有空心的，极少数水母是没有触手的。伞状体边缘分布着感觉器官，下伞中央的垂唇末端向前延伸，口腕由此形成。

口腕能够捕获猎物，上面分布着细小的吸口。而刺细胞则分布在触手、口腕、垂唇和伞状体的外表面。

立方水母

　　立方水母的伞部呈立方形，伞缘呈四边形，间辐区的一条或者数条触手从伞缘延伸出来。位于基部的触手会形成足叶，8 个触手囊分布在正辐和间辐区的伞缘上。下伞面朝内伸出，假缘膜由此形成，有边缘神经环，和触手囊连接。大多数立方水母分布在亚热带和热带的浅海，只有一小部分在辽阔的大洋中营漂浮生活。

🔬 海洋万花筒

　　在深海中，缘叶水母可以称作红色杀手，它们会用触手将猎物抓住，然后将其吃掉。在受到刺激的时候，缘叶水母会先散发出强烈的光芒，然后留下蓝色的活体光，以此来吸引准备抓捕它的生物的注意力，再趁机逃走。

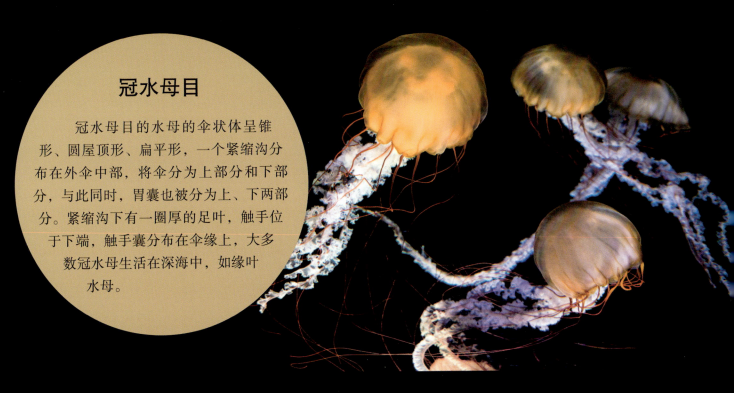

冠水母目

冠水母目的水母的伞状体呈锥形、圆屋顶形、扁平形，一个紧缩沟分布在外伞中部，将伞分为上部分和下部分，与此同时，胃囊也被分为上、下两部分。紧缩沟下有一圈厚的足叶，触手位于下端，触手囊分布在伞缘上，大多数冠水母生活在深海中，如缘叶水母。

十字水母

十字水母的身体呈喇叭状，顶端长着 8 只腕，每只腕上有一簇末端带小球的触手，细长的柄状身体向下通向有黏性的足。十字水母是底栖生物，没有浮游水母体阶段。其浮浪幼体是分节的，胚层细胞一共有 16 个，没有纤毛，依靠扩张和收缩动作来爬行。

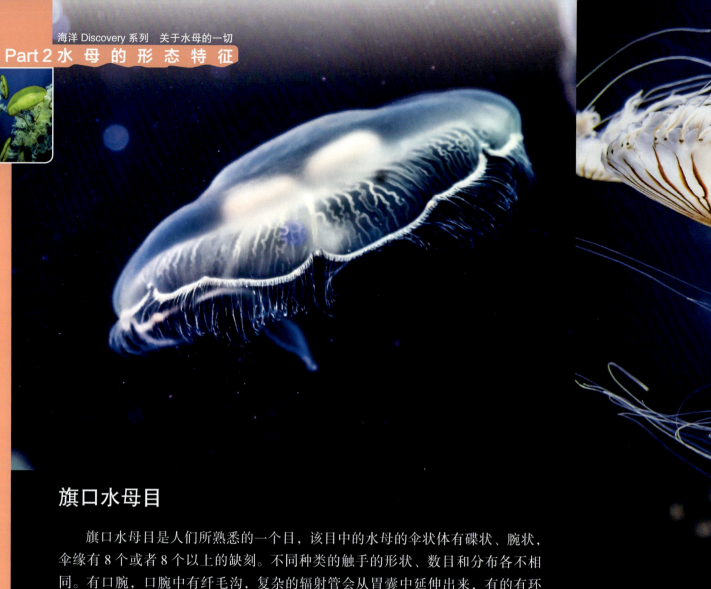

旗口水母目

　　旗口水母目是人们所熟悉的一个目，该目中的水母的伞状体有碟状、腕状，伞缘有 8 个或者 8 个以上的缺刻。不同种类的触手的形状、数目和分布各不相同。有口腕，口腕中有纤毛沟，复杂的辐射管会从胃囊中延伸出来，有的有环管，有的没有环管。大部分生活在沿海，常见的种类包括霞水母、游水母和海月水母。

根口水母目

　　根口水母目中的水母的伞缘没有触手，口腕愈合，口封闭，有大量小的吸口。在早期发育中，其口正常，有口叶 4 个，口叶在生长的过程中进行分枝，长成 8 只口腕，口腕再分枝，口腕中的纤毛沟愈合，小管和吸口由此形成。吸口、小管与胃腔相通，胃腔中有辐射管和触手囊。常见的种类有海蜇。海蜇中富含维生素 B，是一种名贵食品，盛产于中国黄海、东海、南海等地区。

海洋万花筒

　　因水母的形态美丽，有人便想在家里养殖，这其实是可以实现的，可以用水族箱养殖。水族箱养殖水母的步骤为：

　　（1）挑选毒性小的水母。

　　（2）海水养殖：水母是海洋生物，所以需要用海水来进行养殖，差不多一周换一次水，要缓慢加水，避免碰到水母。

　　（3）专业的设备：专门为水母设计的水族箱，如果是特殊的品种，一定要控制好水流。

　　（4）温度：水族箱里要摆放恒温器，确保水温维持在25℃左右。

　　（5）喂食：水母对食物有较高的要求，最爱食用丰年虾、卤虫等浮游生物，同时要控制好喂食的次数和分量。

　　（6）光源：水母补充能量的关键因素之一是光，大多数专业的水母养殖水族箱内都有珊瑚蓝灯。

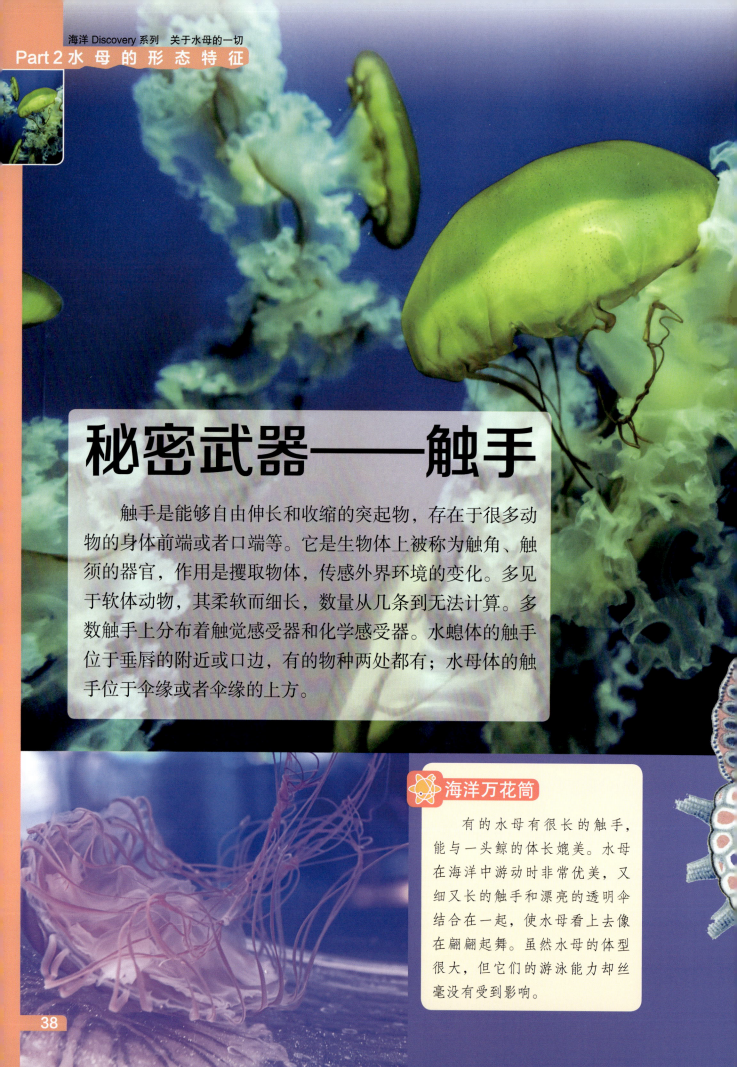

秘密武器——触手

　　触手是能够自由伸长和收缩的突起物，存在于很多动物的身体前端或者口端等。它是生物体上被称为触角、触须的器官，作用是攫取物体，传感外界环境的变化。多见于软体动物，其柔软而细长，数量从几条到无法计算。多数触手上分布着触觉感受器和化学感受器。水螅体的触手位于垂唇的附近或口边，有的物种两处都有；水母体的触手位于伞缘或者伞缘的上方。

海洋万花筒

　　有的水母有很长的触手，能与一头鲸的体长媲美。水母在海洋中游动时非常优美，又细又长的触手和漂亮的透明伞结合在一起，使水母看上去像在翩翩起舞。虽然水母的体型很大，但它们的游泳能力却丝毫没有受到影响。

水母触手的作用

　　栉水母的一对触手来自触手鞘。由于这些触手依靠自身的伸缩、黏细胞、卷缠刺丝囊和黏性刺丝囊来摄取食物，因此有捕腕或者捕丝的说法。有的触手有穿刺丝囊，具有保护自己的功能。水螅体的触手包括空触手、实触手、有头触手和丝状触手等。其触手不仅是感觉、捕食器官，还是至关重要的呼吸器官。

水母触手的形态

　　大部分水母的感官、触手和辐管都为四辐对称。刺胞动物最关键的结构之一就是触手。触手一般有两种形态：一种呈头状，刺细胞分布在触手端部，看上去像一顶帽子；另外一种呈丝状，刺细胞顺着触手全长呈环状或瘤状分布。触手的结构、数目等会随着物种的不同而不同。有时候，由于胃腔的延伸，触手变得中空；有时候，由于充满胃腔细胞了，触手变成了实心结构。水母越老，触手的数量就会越多，触手的基部也就越膨大，这是由于刺细胞和感觉细胞聚集在一起了。

先知器官——耳朵

　　一个小球位于水母触手中央的细柄上，小球里面有一颗小听石，那是水母的先知器官，即耳朵。海浪和空气摩擦时会产生一种次声波，次声波使听石产生振动，附近的神经感受器就会受到刺激，因此，在暴风雨来临前的十几小时，水母就能察觉到，从而提前逃走。

🌐 海洋万花筒

　　根据水母耳朵的结构和功能，仿生专家设计出一种"水母耳风暴预测仪"，十分精准地对水母感受次声波的器官，即它的耳朵进行了模仿。仿生专家把这种仪器放在船舰的前甲板上，当风暴到来时，通常会360度旋转的喇叭便不再旋转，并且指向风暴到来的方向，同时显示出风暴的强度。这种预测仪能够在风暴到来前15小时内做出反应，在航海和渔业的安全方面有极其重要的意义。

水母的生物光

　　有些水母不仅会变换颜色，还会在水中散发光芒。一些物种会发出微弱的蓝紫色光或者淡绿色光，有的还带有彩虹般的光晕，当它们在海洋中游动时，会变成一个绚丽多姿的彩色球。这是因为水母的躯体上有特殊的发光器官，受到刺激时就会分泌一种叫埃奎明（水母素）的特殊蛋白质。它和钙离子结合时会发出耀眼的光芒。在水母体内，这种蛋白质的量越多，发出的光就越强烈。

　　例如，栉水母身上的发光器官是"栉列"，能时刻散发绚丽多彩的光芒。

运动时器官的结合

　　水母既没有心脏，也没有骨骼、鳃等。普通水母的伞状体长 20 ～ 30 厘米。水母运动时会利用体内喷水反射前进，它表皮上的肌肉纤维控制着内腔，当内腔扩张时，水就会慢慢流入；当内腔收缩时，水就会被挤出来。通过水流挤出喷射时所产生的推动力，水母就能顺着身体轴向游动了；当水母想要下沉时，其触手就会发挥作用，向上伸展。想要上升时，就向下伸展触手。也就是说，水母想要朝某一方向运动，触手就会向远端逆向弯曲；水母的伞状体上有一种腺，能够产生一氧化碳，伞状体就会膨大起来，从而漂浮在海面上。当遇到强风暴或者敌人时，水母会自动释放出一氧化碳，从而沉入海底。除此之外，一些水母的伞状体顶部有气囊，气囊里的气体量也能改变水母的运动方向。

北极霞水母

　　北极霞水母生活在大西洋中，它是世界上最长的动物之一，伞盖直径最大为5米，最小为2米，伞缘下长着8组触手，1组大约有150条，每条触手的长度为40多米，并且能够快速收缩，在1秒的时间内能收缩到几米长。触手上长有刺细胞，当全部触手伸展开，如同布下一张面积达500平方米的大网。即使再凶猛的猎物，只要进入网中，也只有死路一条。

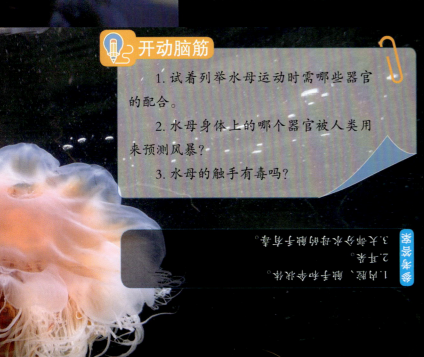

🖊 开动脑筋

　　1. 试着列举水母运动时需哪些器官的配合。

　　2. 水母身体上的哪个器官被人类用来预测风暴？

　　3. 水母的触手有毒吗？

参考答案

1. 内伞、触手和神经环。
2. 耳朵。
3. 大部分水母的触手有毒。

⚛ 海洋万花筒

　　虽然水母看上去很美丽，给人一种温顺的感觉，但事实上，它们非常凶猛。伞状体下面那些长长的触手不仅是它们的消化器官，也是它们对付猎物、敌人的武器。触手上面布满了如同毒丝般的刺细胞，猎物被蜇后会中毒，很快就会死亡。触手抓住猎物后收缩回来，送到伞状体下面的息肉前。息肉分泌出酵素，从而分解掉食物体内的蛋白质。

水母的消化系统及感官

　　任何生物都是从食物中获取营养的，水母也不例外，可我们看到水母的样子，很难想象它们是怎样进食的，又是怎样消化的。其实水母也有独特的消化方式，它们的消化过程基本上分成 3 个独立的阶段：将其他动物或植物的身体全部或部分作为食物摄入、消化（提取和吸收营养），以及废物的排泄。

　　水母可分为刺胞动物门水母和栉水母门的栉水母。

刺胞动物门水母的消化系统

　　刺胞动物门中的水螅纲的水母体的口既是进食的通道，也是排泄的通道，称为垂唇。有些物种的垂唇非常短，甚至只是简单的一个洞。胃被称为原腔，只是一个简单的开口空腔。在某些水螅纲水母的群体中，胃是一个管状物体，连接着口和身体，又或者是口下身体内的一个宽阔的空腔。某些物种通过触手基部的孔来排泄身体里的废物。

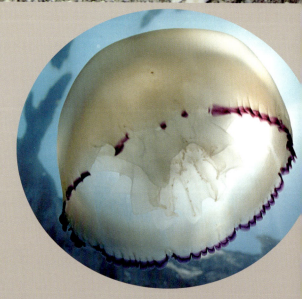

在水螅纲的水母中，管水母是知名度比较高，也比较特别的一种水母。管水母是一个由许多个体组成的群体。在这个群体中，每个单独个体都有自己的胃和口，因此，当管水母捕食一条鱼时，人们会看到许多嘴围在鱼的身体周围，紧紧地包裹住这条鱼。人们常常陷入疑惑，它们是在争夺这条鱼，还是在互相协助，想要捕获这条鱼呢？吃完食物之后，管水母会通过连通彼此的身体网络，消化这些食物，并且把营养输送给躯体里各个成员。

栉水母的消化系统

栉水母的消化系统相对于刺胞动物门的水母来说要高级许多，因为栉水母拥有更加完善、与人类相似的贯通式肠胃，摄食和排泄的孔口都是独立的。食物进口，落入巨大的咽中，然后在漏斗管中的胃里消化，产生的废物从位于中央的平衡囊和神经节两侧的一对肛门孔排出。

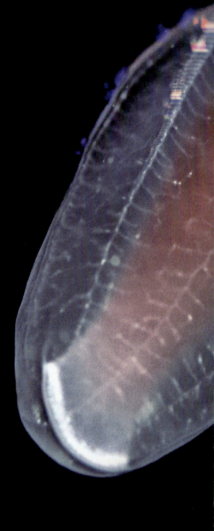

🌼 海洋万花筒

水母的消化系统很简单，基本上包括进食口、消化胃、营养分配辐水管和排泄口，也就是说，水母的口是可进可出的，食物和废物都是通过口来实行转换的。在钵水母中，辐水管数量很多且分叉；在水螅纲水母中，辐水管数量少而短。箱水母的辐水管常常局限在它们的拟缘膜中，而拟缘膜又是从体腔边缘伸出并将钟状体开口收窄的膜状组织。

水母的感官

水母的感官结构差异很大，有的微不足道，有的华丽复杂。水母平时最依赖的就是负责调节搏动并将各种信号发送到全身各部位的神经系统，以及帮助它们在海水中维持方向的平衡结构及感光结构。根据研究证明，有些水母有感觉到振动和色彩的能力，甚至能察觉微妙的温度及化学变化。

刺胞动物的感官结构

水螅纲水母拥有弥散式网状神经网络。管水母似乎只有平衡结构或者感光结构中的一种，而水螅纲水母常常两者都有。水母的平衡结构被称为平衡囊，每个平衡囊中都有一个和神经相连的封闭小袋，里面有数量众多的小颗粒，当这些小颗粒在小袋中移动时，就会刺激不同的神经，发送相关物体的朝向信息。有些水螅纲水母还有红色、黑色或棕色的眼点感光结构，这是一种能感知光明和黑暗的结构。平衡囊位于触手之间的钟状体边缘，而眼点则通常在触手基部。

钵水母、立方水母和十字水母体内拥有一个被分割成4个胃囊的开口腔。它们和水螅纲水母一样，食物和废物都是从口中通过，一系列管状网络起到循环系统的作用。大多数钵水母拥有一张位于中央的口，而根口水母则拥有无数微小的口，每一张口的周围都有微小的触手通向胃系统。大多数的钵水母都是通过口来捕食的，将捕获的食物送到口边。如果食物对于胃来说太大了，它们还可以通过口进行体外消化，采用这样的方式进食，一整条鱼需要两三周的时间才能吃完。

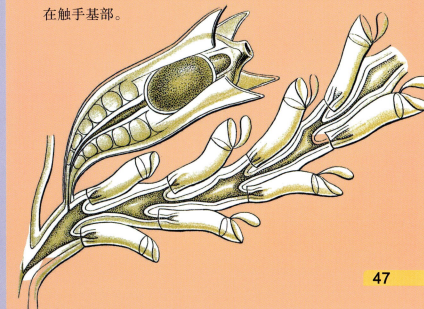

开动脑筋

1. 说说刺胞动物门水母的消化系统的特点。

2. 栉水母的感官结构有什么特点？

参考答案

1.刺胞动物门水母的口既是进食通道，也是排泄通道。

2.没有头，仅有极少的神经元式的感光器粒。

栉水母的感官结构

栉水母拥有半中枢神经系统，准确地说是没有头，只有一个控制身体的神经点。它位于远离口的身体另一端，包含一个平衡囊。栉水母似乎缺少任何形式的感光结构。

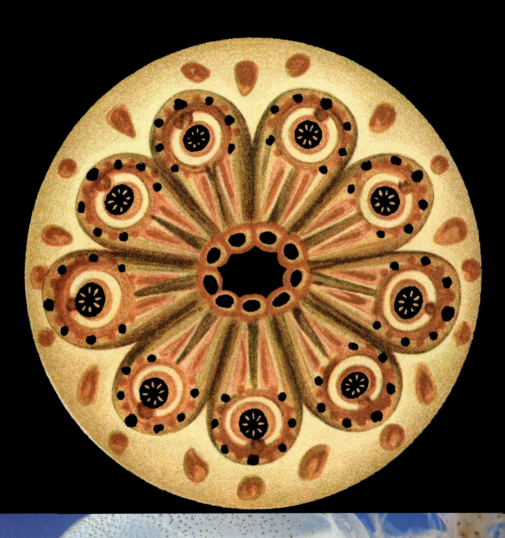

立方水母的一切都由4根平衡棒控制，它们位于身体下方钟状体边缘附近的4个小腔内。这些平衡棒由强壮的神经节相连。在立方水母中只有一个较大的颗粒，通常称为平衡石。平衡石是由石膏做成的，每天都会增加一层薄膜，就像树的年轮一样，科学家们常通过平衡石上的薄膜层数来判断个体的年龄。平衡石位于每根平衡棒朝下的一端，它通过配重作用使平衡棒总是保持正面朝上。

立方水母的平衡棒上还有更加复杂的视觉结构。每根平衡棒上都有6只眼，以垂直方向排列成3行。位于两侧的是两对感光眼点，中间的两只眼有像人类一样的晶状体、视网膜和角膜，能够形成图像。

Part 3
水母的海洋生活

大多数水母生活在海洋中，依靠有毒的触手捕食一些小的甲壳类、多毛类甚至小的鱼类。水母是一种无脊椎动物，只能依靠漂浮运动。作为猎手的水母，也经常会成为其他猎食者的食物，如海龟、翻车鱼等，甚至有一些螃蟹也捕食水母，如梭子蟹。

水母的食性

　　水母是肉食性动物，在食物的刺激下，水母会伸长触手，刺丝翻出，释放毒液，以麻痹、毒杀猎物，再将食物送入口中。口区的腺细胞会分泌蛋白酶，分解、消化猎物体内的蛋白质，使之形成大量的多肽。在胃腔中的营养肌肉细胞的鞭毛作用下，食物会得到充分混合。至此，细胞外消化过程结束。细胞内的消化过程开始，营养肌肉细胞的伪足吃掉食物颗粒，形成大量的食物泡，再经过一系列化学反应，在细胞的扩散作用下，营养物质就被输送到了全身。

🌸 海洋万花筒

　　水母的腺细胞能分泌蛋白酶来消化食物。其实，果实、植物茎叶、微生物、动物内脏都有蛋白酶的存在。微生物的蛋白酶的生产者是细菌、霉菌、酵母和放线菌，其中，细菌和霉菌产量小。蛋白酶有多种用途，能够澄清酒类、嫩化肉类和对蚕丝进行脱胶。在临床上，蛋白酶还有药用价值。例如，酸性蛋白酶能够治疗支气管炎，弹性蛋白酶对脉管炎有疗效，胃蛋白酶可以治疗消化不良，胰凝乳蛋白酶能够净化外科化脓性创口，以及治疗胸腔间浆膜的粘连。

3 种常见水母的食性

海月水母：爱摄食仔稚鱼、胶质类水螅水母、浮游动物碎屑、小型桡足类（平均前体长 485 微米）、桡足类幼体、纤毛虫等。

霞水母：爱摄食仔稚鱼、胶质类水螅水母、海月水母以及沙海蜇。

沙海蜇：爱摄食仔稚鱼、桡足类幼体及磷虾类。

🎇 海洋万花筒

人们通常认为水母都生活在海洋中，实际上，有一类水母就生活在淡水中，那就是桃花水母，它也是世界上唯一一类淡水水母。桃花水母又叫"桃花鱼""降落伞鱼"，主要生活在温带淡水中，其形状如桃花，并多在桃花盛开季节出现，因而得名。它是水螅纲、笠水母科中的一属小型水母，已记录 11 种，我国有 9 种。

💡 **开动脑筋**

1. 水母以什么为食？

2. 水母是杂食性动物吗？

家庭饲养

在家庭饲养条件下，可以选择丰年虾、浮游生物、卤虫作为水母的食物，还可以选择水母专用液体饲料。入缸第一天禁止投喂，从次日开始，每次给每只水母喂两滴水母专用液体饲料，同时应注意定时定量，不能过量，防止水母因吃得过饱而死亡。我们可仔细观察一下水母，当其胃腔变成橙红色时，就表明它已经吃饱了。在投喂之后，应将水泵循环系统关闭，避免影响水母摄取食物。

⚛ **海洋万花筒**

丰年虾，又称为仙女虾、丰年虫，常见于陆地上的盐田或盐湖，是具有代表性的超盐水生物，为雌雄异体。丰年虾的冬卵十分特别，晒干后能以商品的形式售卖，并且孵化出来十分容易。在水产养殖方面，由于丰年虾含有丰富的蛋白质和脂肪酸，因此是鱼类等幼苗的优质饵料。

钵水母的摄食

　　钵水母（如海月水母）由口经过垂唇进入中央的胃腔，胃腔向前伸出，4个胃囊由此形成。两个胃囊之间有带小孔的隔板，胃囊之间得以相互沟通，促进了液体的循环流动，隔板上具有隔离肌，内缘有内胚层起源的胃丝，上面分布着大量的刺细胞和腺细胞，能够将进入胃腔的猎物固定住，并将其杀死。海月水母只有在幼体阶段才有这种胃囊和隔板结构。

🔬 海洋万花筒

　　海月水母的胃环流管包括正辐管、间辐管和丛辐管。正辐管从口腕向伞缘方向延伸，一共有4条；间辐管也有4条，从胃囊向伞缘方向延伸；而丛辐管有8条。正辐管、间辐管和丛辐管都在伞缘处和环管连接在一起。

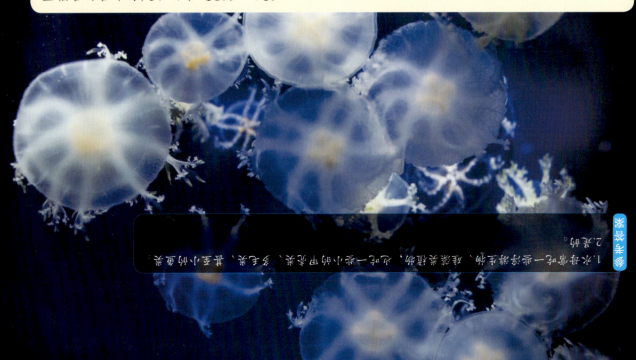

1. 水母体似一张透明薄膜，摄食类似捕捞，也是一张小的伞盖。多主素，是些小的鱼类。

2. 星的。

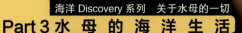

钵水母的肉食性

　　钵水母都是肉食性动物，主要吃小的甲壳类、浮游生物等。事实上，钵水母也是一类悬浮摄食者，它们用触手将海水中的小浮游生物过滤出来，在口腕处的纤毛作用下，猎物进入口及胃腔。胃丝上分布的刺细胞分泌毒液，杀死猎物，然后腺细胞分泌蛋白酶分解食物，营养物质在环流管壁上的纤毛摆动下从辐管进入环管，而未消化的食物残渣依次经过正辐管、间辐管、胃腔和口排出体外。

海洋万花筒

　　钵水母伞缘处集中的4个或8个触手囊是其神经感觉中心，具备感光、化学感受和重力感受的作用。触手囊是由环管向外伸出而形成的一个小空盲管，其末端还有平衡石。在平衡囊上端，外伞缘向外伸出，形成笠，作用是遮盖和保护下面的平衡囊。感觉瓣位于两侧，其上具有感觉细胞和纤毛。

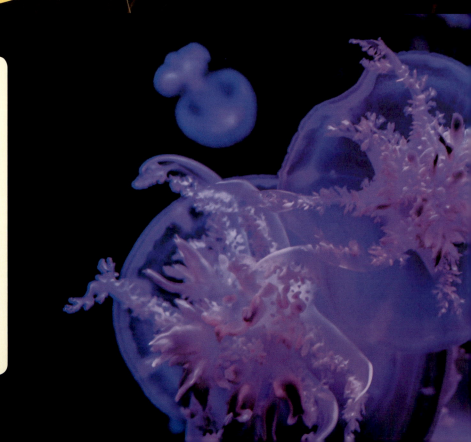

共生属性

　　水母虽然看上去十分漂亮、温顺，但其实非常凶猛。由于水母只有原始的消化器官，没有呼吸器官和循环系统，因此捕获的猎物需在短时间内在其腔肠内进行消化和吸收。水母从不轻易放弃自己遇到的猎物，不过，水母也有自己的共生伙伴，它们的关系就如同犀牛和为它清理寄生虫的小鸟一样。水母的共生伙伴是双鳍鲳，又叫小牧鱼。这种鱼体长只有 7 厘米，能够自由自在地在水母的触手之间游动。每当有大鱼游过来时，小牧鱼就会藏在水母伞状体下的触手中间，利用水母的刺细胞装置，逃过大鱼的"魔掌"。有的时候，小牧鱼还会将大鱼引诱过来，让水母将其杀死，如此它们就能吃到水母吃剩下的残渣了。

　　为什么水母的触手不会伤害到小牧鱼呢？原因是小牧鱼十分灵活，能够巧妙地避开水母触手上的刺细胞，不太容易受到伤害，但也有些小牧鱼会偶尔不小心死于其触手下。水母和小牧鱼共生在一起，小牧鱼会吃掉栖息在水母身上的微小生物，而水母则为其提供保护，两者相互为用。

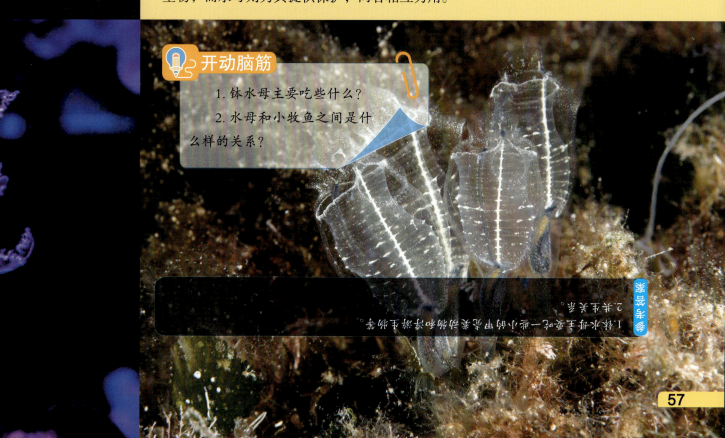

💡 **开动脑筋**

1. 钵水母主要吃些什么？
2. 水母和小牧鱼之间是什么样的关系？

参考答案：1.钵水母主要吃一些小鱼虾和其他浮游动物等生物。 2.共生关系。

捕食和竞争

　　近些年来，人们忽略了一个很重要但很少拿出来讨论的问题——水母暴发对海洋中其他生物的影响。水母暴发预示着海洋生态系统在退化，而且水母可以削弱生态系统，这已经成为现实了。

水母拥有掌控全局的能力

　　水母是很多海洋生物的捕食者，同时也是它们的竞争者，这些物种包括其他水母和许多鱼类。水母甚至会和鲨鱼、鲸等大型动物成为竞争者。水母和这些大型动物正面相斗肯定是无法取胜的，但水母的"阴险"之处在于断对方的"后代"，水母会吃掉其他海洋生物的卵和幼体，同时也不会放过其他动物的"粮食"。幼小的、没有自我保护能力的其他海洋生物要么被水母吃掉，要么因为没有东西吃而被饿死。

水母的危害

在特定条件下（如过度捕鱼、营养过剩、水温变暖），水母会征服一个生态系统。这也表明，由水母创造出来的新生态已经无法再变回较复杂的状态。也就是说，海洋中的生物种类会慢慢地减少，以后再也无法见到形状各异的珊瑚、色彩丰富的鱼类和美味可口的海鲜了，到时候，渔民的渔网中收获的很大概率就是各种各样的水母。

🗂 奇闻逸事

2009 年，在一个风平浪静的日子里，一艘重达 10 吨的渔船在日本某个海域发生了翻船事件，而罪魁祸首便是十几只水母。

从 2002 年开始，全球部分沿海地区差不多每年都会发生巨型水母泛滥成灾的事件。这些水母会偷袭渔船，使渔业生产损失惨重。除此之外，水母大军还会占领核电站，破坏冷却设备，导致核电站熄火。

食物链

　　1927 年，英国动物生态学家埃尔顿第一次提出了"食物链"一词。通俗地说，食物链是指各种生物通过一系列吃与被吃的关系而紧密地联系在一起，这些生物由于食物营养关系而联系起来的序列，就像一环扣一环的链子。生物可以分为生产者、消费者和分解者，分类依据是生物在能量和物质运动方面所起的作用。但我们要注意的是，食物链中不含分解者。

水母网络

　　水母网络是指与传统食物链并行的次级食物链。水母可以在很艰难的环境下生长，无论它们吃与不吃，都可以很好地活下去，毕竟它们的生命很短暂。对水母来说，没有什么是它们不吃的，如另外一只水母、微生物或是溶解在水中的营养、淤泥等。实际上，水母在其他生物尚未出现的时候就已经进化并昌盛了数百万年了。不管是很久以前的所谓的低能耗食物链，还是现在的高能量需求的食物链，如鲸、海鸟，水母都可以很好地融入，因为水母的生存能力非常强大。

食物链的构成

　　根据生物之间的关系，食物链包括捕食食物链、碎食食物链（腐食食物链）、寄生食物链。

　　捕食食物链是指以生产者为食物链的起点，一种生物以另一种生物为食物构成的食物链。

　　例如，青草→野兔→蛇→鹰。

　　绿藻→浮游动物→虾米→小鱼→大鱼。

　　碎食食物链是指以碎食为起点的食物链，碎食被一些生物利用，分解为碎屑，再被多种动物食用。

　　例如，树叶碎片及小藻类→虾（蟹）→鱼→食鱼的鸟类。

　　寄生食物链由宿主和寄主组成，是指小动物寄生到大动物身上而形成的食物链。

　　例如，哺乳类→跳蚤→原生动物→细菌→过滤性病毒。

能量转换

　　水母对海洋生态系统造成严重威胁的一个原因是与能量转换有关。什么是能量转换呢？通常来说，能量较高的生物吃掉能量较低的生物。例如，草是牛、羊等食草类动物常见的食物来源，而一斤肉的能量比一斤草的能量多。一般而言，某个物种在食物链上的等级越高，它的能量就越大，但水母颠覆了这套理论系统。水母吃鱼卵和幼体（在食物链上，鱼卵和幼体的等级要高于水母），这是将高能量的食物通过水母摄入体内，转换成一种能量值更低、更不合理、更低质量的食物。

海洋万花筒

　　浅海：海面以下200米内的区域。在浅海区，浮游植物和大型藻类能利用太阳光进行光合作用，满足自身生长的需要，而它们成了小型浮游动物的食物，这些小型浮游动物又成了一些小甲壳类、节肢动物的食物。

　　深海：通常指深度超过200米的海域。深海的鱼有着非常奇特的生活方式，由于阳光照射不到，一些藻类难以生存下去。

开动脑筋

1. 水母给海洋带来了什么样的危害？
2. 水母在食物链中处于哪个层次？
3. 海洋生态系统是如何分类的？

破坏生态系统

水母的捕食和竞争、人类过度捕捞和海水酸化等会破坏海洋生态系统，从而给水母的大量繁殖提供机会。如果再不治理并保护海洋生态环境的话，海洋就会慢慢成为水母的天下，很多物种（不管是大型鱼类、哺乳类，还是小型、微小型生物种群）都会因水母和人类而从世界上消失，未来的海洋也会形成单一的生态系统。

海洋万花筒

在海洋生态系统中，生物群落和其环境相互作用。从广义上讲，全球海洋是一个大且复杂的生态体系。相互作用的生物和非生物，通过吃与被吃，从而形成统一体，这个统一体有着一定的结构和功能。根据生物群落划分，海洋生态系统分为红树林生态系、珊瑚礁生态系、藻类生态系等；根据海区划分，其又分为沿岸生态系、大洋生态系、上升流生态系等。

作为猎物和食物的水母

　　水母作为一种食物链底层的海洋生物，虽说它们的数量巨大，繁殖能力强，生存能力也不错，但是作为食物链中的一员，它们同样会成为一些物种的食物。有些物种专门以水母为食，其中有名的就是海龟。海龟在吞噬水母的过程中，往往会分不清水母和塑料袋之间的区别，新闻报道中也常看到某个海滩上出现一只死去的海龟，人们在它的身体中发现了大量的垃圾等。本来有些物种可以帮助人类控制水母的数量，然而，人类的一些行为却起了坏的作用。

🌐 海洋万花筒

　　印度洋中的一种梭子蟹会把水母当作食物吃掉。鱼类也会吃掉水母，海豚更以玩弄水母为乐。除鸟类外，陆地上的狐狸和一些哺乳动物也会在食物缺乏的情况下吃掉冲上海岸的水母。在亚洲，有些水母被当作一种美味佳肴端上人们的餐桌。

水母的防御措施

　　面对被捕食的威胁，水母会有怎样的防御措施呢？我们介绍过，水母的触手或者身体的某个部位会有一种叫作刺细胞的物质存在，而这就是水母的防御工具。面对天敌，水母会用触手上的刺细胞来反抗，刺细胞中或有麻醉药物，或有剧毒。有些物种的身体上长着凝胶状的突出结构。平时，这些结构可以维持浮力，因为它们会产生拖拽效果，在遇到危险时可以延长这种动物的中心位置与潜在捕食者之间的距离。

　　有时候，你会发现鱼类和鸟类嘴里叼着一只水母，然后又把它吐了出来的现象，这或许说明水母的组织存在不合口的化学成分，包括海绵和软珊瑚在内的生物都会有这样的防御措施。

　　有两个来自日本的栉水母远方亲戚的物种有非常奇特的防御措施：在受到惊吓时，它们会喷出类似碘酒一样的墨汁，类似乌贼和章鱼使用的墨汁来逃脱危险。

爱吃水母的海龟

　　海龟是水母的天敌，它们有一张如同老鹰的嘴般锐利的嘴巴，可以将水母磨碎。虽然水母有能释放毒液的触手，但海龟会巧妙地避开触手，用嘴巴对水母的头部"开刀"。并且，海龟的皮肤特别厚，水母的刺细胞无法轻易穿透。除此之外，海龟有较强的解毒能力。例如，下面这 3 种龟类就是以水母为食的代表。

玳瑁

　　玳瑁是属于海龟科的海洋动物，长约 0.6 米，主要生活在太平洋和大西洋的浅水礁湖和珊瑚礁区，它们有较强的活动能力，游速很快，以海绵、水母、贝类、海藻、鱼类等为食。

蠵龟

　　蠵龟属于海龟科，是现存最古老的爬行动物，身长约 1 米，体重约为 100 千克，分布于太平洋、大西洋和印度洋的温水海域。我国东海、南海海域也有太平洋蠵龟，它们主要捕食甲壳动物、软体动物，尤其是水母、头足类动物和其他无脊椎动物，有时会吃鱼卵、海藻，喜欢在大陆架、珊瑚礁或者有褐藻的浅滩中寻找食物。

棱皮龟

　　棱皮龟同样是水母的克星，它们能够自由地游弋在水母群体之间，并且轻而易举地"掰断"它们的触手，如此一来，水母只能上下翻滚，直至丧命。棱皮龟没有牙齿，吃掉水母后，其食道内壁尖锐的皮刺会碾碎食物，然后食物进入胃和肠中被消化。因此，它们能克制水母。

💡 开动脑筋

1. 水母的天敌都有哪些？
2. 以水母为原料的菜品叫什么？

1 海龟 玳瑁等
2 棱皮龟

Part 3 水母的海洋生活

爱吃水母的鸟——军舰鸟

军舰鸟是鹈形目、军舰鸟科 5 种大型海鸟的统称，有极其细长、展开时长约 2.3 米的翅膀，长而深的叉形尾，通常雄性成鸟羽毛全黑，雌性成鸟则下部为白色，栖息在海岸边的树枝上，主要吃水母、鱼类和软体动物，白天时会在水面上飞翔，暗中观察水中动静，只要发现有鱼出现在海面，就会快速俯冲下去，精准地抓获水中的猎物。

吃水母的其他动物

科学家们通过全天候地观察和追踪一些海洋动物，并通过对它们的食物残留进行化学特征分析后发现，鳕鱼、企鹅、巨型章鱼和信天翁等动物也爱吃水母。

爱吃水母的鱼——翻车鱼

在鱼类中，翻车鱼的长相十分有特点，它们有庞大的身躯、短小的尾巴、樱桃般的嘴巴、大大的眼睛。翻车鱼酷爱吃水母，尤其是海月水母，同时还爱吃小鱼、海马、甲壳动物和胶质浮游生物等。

🌀 海洋万花筒

信天翁是一种大型海鸟，又称信天公、信天缘，体长 70～140 厘米，嘴巴前端带钩，鼻孔呈管状。翅膀比较长，而尾巴较短。腿位于身体后端，且短小。一般群体生活在海岛上，主要吃水母、头足类和鱼类，分布在南、北半球。其中短尾信天翁的体羽主要为白色，颈部为淡黄色，嘴肉红色，先端白色，为我国的稀有品种。

✏️ 开动脑筋

1. 信天翁有哪些别称？

2. 水母如何防御天敌？

参考答案

1.信天公、信天缘。

2.水母通常用伞状体发光，以光亮吸引其他小型鱼虾来，用有毒的触须麻痹猎物将其捕获。

隐身有术

所谓的隐身是指通过一定的伪装技术，将自己和所处的环境融为一体，以此来摆脱危险的一种手段。这种手段包含了很多科学道理，如光的折射、视觉盲区等。隐身是某些生物的保命手段，有些水母也非常擅长。

水母身体是透明的

很多水母的身体都是透明的，不管是捕食者还是猎物，目光都会穿透水母的身体，因而看不到它们。大多数水螅纲水母和栉水母的身体都是透明的。有趣的是，世界上毒性最强的澳大利亚箱形水母和伊鲁坎吉水母的身体也是透明的，它们会悄无声息地靠近人类，当人们只看见这些水母在沙子上的影子，而不是身体的时候，说明已经晚了。剧毒的伊鲁坎吉水母的身体透明到就算放进玻璃瓶中也难以被发现。

利用颜色来伪装

大多数水母都是通过使用色素（包括斑点）来伪装，例如，鲸脂水母棕色或者绿色的身体上会长着白色斑点。对潜在捕食者或猎物而言，这样的图案会带给它们一种错觉，让它们觉得这是一群很小的生物，从而放松警惕，最后让鲸脂水母躲过危险或者捕获猎物。色斑在生活在距离水底很近的物种身上很常见，如仙女水母，而且尤其常见于能让视觉产生错乱的背景复杂的生境，如珊瑚礁。生活在珊瑚礁和藻类之间的物种身上带有不同颜色的条纹，这同样是很好的伪装手段。

🔬 海洋万花筒

玻璃蛙因全身透明而得名，原产于委内瑞拉，目前主要分布在中南美洲。体长2～3厘米，眼睛大而突出，四肢修长，吸盘发达，善于攀爬；腹部皮肤透明，能看到它们的心脏、肝脏和消化道。

特定鲜艳色彩的伪装

　　某些生境中，特定的鲜艳色彩也是有益伪装的。由于光在水中传播的方式，导致不同颜色的光的穿透力不同，红色的光穿透力最差，所有深红色在相对浅一点的颜色中看上去就是黑色的，比如，紫蓝盖缘水母和环冠水母深红色的身体不仅可以用来伪装，还能遮挡住身上所发出的荧光。

✦ 海洋万花筒

　　玻璃乌贼：一种深海动物，主要分布于中大西洋海脊，其身体呈透明状，眼睛上有轻器官，具有将自己滚成球的能力，如同一只水生刺猬。它是鲸、海鸟和小丑鲨等的猎物。

蓝色的伪装

　　对于生活在气－水界面的物种而言，蓝色有极大的优势。如僧帽水母、蓝色帆水母和银币水母，以及一些生活在这样环境下的软体动物和甲壳类都是这种颜色。这种蓝色不仅可以反射紫外线，保护这些动物的组织免遭日光的伤害，还能反射其他波长的光，让动物保持凉爽，甚至可以提供伪装，避免被天空中的捕食者发现。

⚛ 海洋万花筒

　　僧帽水母是一类终生群居的腔肠动物，它们会将食物困在触角里，并且主要以鱼苗和小型成年鱼为食，也以浮游生物中的虾类、甲壳类动物和其他小型动物为食。不过，它们近70%至90%的猎物是鱼类。僧帽水母的触手含有剧毒，一旦被注入毒液，多数海洋生物无法生还。

Part 3 水 母 的 海 洋 生 活

警告标志

　　对潜在的捕食者来说，水母身上的颜色是一种警告标志。整个动物界中最常见的警戒色为红色和黄色，如北美洲东部的珊瑚蛇、中南美洲的毒蛙身上的颜色。在水母群中，管水母的蜇刺器官一般都是黄色或者红色的，如果有人忽视了这种颜色的伪装，就要承受其攻击后带来的痛苦了。一些伊鲁坎吉水母的簇生刺细胞也常常呈鲜艳的红色或者粉色，这也许就是类似的警告标志。

🔬 海洋万花筒

　　大鳍后肛鱼的脑袋是透明的，眼睛呈管状。它们的眼睛非常有利于收集光线，并且可以在脑袋上那充满液体的透明防护体内旋转。它们的眼睛长在脑袋上，由亮绿色的晶体罩住。当搜索脑袋上方的食物时，眼睛会朝上；摄取食物时，眼睛会朝前。口上方的两个小点是嗅觉器官，即鼻孔，而不是眼睛。

折射颜色

一些常见的水母身上的色彩是由光折射引起的，特别是栉水母，它们会用那长有纤毛的栉板带制造出彩虹效果。事实上，这些颜色并不是它们真正创造出来的，自然光中的组成部分经过纤毛的折射，传到人的眼中便是各种颜色了。

🌟 海洋万花筒

人们在南极洲和南美洲南边附近的冷水域发现了鳄形冰鱼，它们主要吃桡足类动物、鱼类、磷虾等。鳄形冰鱼的血是透明的，这是因为它们体内不含血色素，或者红细胞已经死亡。它们可利用皮肤吸收水中的氧来完成新陈代谢。

🔬 开动脑筋

1. 水母通过什么来保护自己不受到伤害？

2. 水母身体透明的好处是什么？

Part 3 水 母 的 海 洋 生 活

水漂群落

　　水漂生物生活在水－气界面，一部分身体露在大气中，一部分身体浸在水里，并形成自己的群落，其包括水母、软体动物、甲壳类、蠕虫等。它们有着很强的适应能力，往往生活在条件最恶劣的海洋环境之中。

　　水漂生物既需要应对水带来的压力，还需要应对空气带来的压力。当暴露在阳光和空气下，它们那脆弱的身体极其容易脱水。与此同时，它们还需要同时应对来自空中和水中的捕猎者，并且无法安全撤退到两个领域中的任何一个。

　　大部分的水漂生物的身体都是深蓝色的，这种深蓝色有助于保护这些生物免遭紫外线的伤害，并且能使它们和海洋背景融为一体，避免被空中的捕猎者发现。

🔬 海洋万花筒

　　水母会漂移，它们的伞状体上面分布着一些肌肉纤维，当它们想要移动的时候，就会控制这些肌肉纤维来进行扩张和收缩。当收缩时，内腔的水会被排出体外，水母就会借助水的推力来运动。但是，水母主要还是依靠水流来移动。

　　水漂生物中既有动物，也有植物。在淡水水域，水漂生物包括浮萍、狸藻和王莲。水漂动物则包括刺胞动物、软体动物、甲壳纲节肢动物等。最有名的海洋水漂植物是褐藻类的马尾藻，它们广泛地存在于大洋中。马尾藻的叶状体高度分枝，有充满空气的气囊，并且是中空的。这些漂浮"森林"与许多动物，如马尾藻鱼、盖鳃水虱等，共同组成马尾藻群落。

生活在水漂环境中的水母

　　有不少种类的水母生活在水漂环境中，如僧帽水母、银币水母和帆水母等，它们的触手会在海水里伸展开，而有着气泡形状的浮囊则竖立在空气中；银币水母的同心圆盘会漂浮在水面上，下面边缘处则长有鲜艳的蓝色触手；帆水母的浮囊体呈青蓝色，因浮囊体上方有一银色竖直帆而得名。这些水母一群群地生活在辽阔的海面上，度过自己短暂的一生。

🌸 海洋万花筒

　　僧帽水母属于水螅虫纲，它们的身体为蓝青色，有两头尖的浮囊，底部平滑，外形像僧人的帽子，所以得名"僧帽水母"。它们浮囊上的膜冠能发光，能够控制方向。如果有风的话，能够在水面上漂行，如同船帆一般。

大西洋海神海蛞蝓

　　水漂生物中有一个物种叫大西洋海神海蛞蝓，它们以水母为食，并且像水母一样会蜇人。它们的身上长着蓝色、黑色和银色的条纹，头上长着两对像兔子耳朵一样的突起，上面有很多指状的附肢。其身体内储存着从水母那里猎取的未释放的刺细胞，当遭到攻击的时候，这些刺细胞便派上了用场。大西洋海神海蛞蝓靠吞咽空气来增加浮力，以此漂浮在水面上。

Part 3 水母的海洋生活

其他水漂生物

软体动物中前鳃类的海蜗牛有十分轻薄的壳，它们能够凭借可动的前足捕捉气泡，并固定于由足腺分泌的、可迅速凝固的黏液浮体上，使自己能够漂浮；头足类的船蛸有像纸张一样轻薄的壳，借助壳的内腔来增加浮力；甲壳类的茗荷附着在帆水母的"骨骼"或海蜗牛的贝壳上，成为水漂生物中的一员。

🔬 海洋万花筒

茗荷又叫佛角，附着在海洋漂浮物上，广泛地存在于世界各大洋中。它们的身体包括光裸的柄部和具壳板的头部。头部有白色壳板，一个壳室就形成了，而躯体则被包裹在内。它们还有 6 对蔓足，尾部的附枝则是爪状，身体的两侧均有 2 个鞭状突起。茗荷通常成群结队地附着在轮船的底部、海洋中的浮标和码头设施表面，能够降低船只的航速。

紫螺

　　紫螺是水漂生物中的一个常见成员，属小型软体动物。它们以水漂水母为食，并制造垫状黏液泡沫，外出时会裹着黏液的"孵囊"，如此其卵便能漂浮在水面上。这是它们保持漂浮的方式。如果稍不注意而掉下来，那就意味着死亡，因为它们无法再次浮上来。

　　紫螺大多数呈紫罗兰色或紫色，在海洋生物中，这是一种非常常见的配色方案，能够使它们伪装成水生动物，不被空中或水下依赖视力的捕猎者、猎物发现。它们的壳底部颜色较深，壳顶部颜色较浅。

　　每当向岸风吹过后，人们总能在热带或者温带地区的海岸线上观察到这些水漂生物。由于担心被水母蜇到，很多人会在这时候远离海滩，但不少观察者依然能敏锐地观察到这些让人赞叹的水漂生物的存在。

开动脑筋

　　1. 水漂水母有哪些？试着列举出来。

　　2. 僧帽水母如何漂行？

水母的"伙伴们"

　　水母在地球上生活了数亿年，已经与许多其他生物形成了紧密的关系。它们之间并不全是直接的捕猎者和猎物的关系，还有一些是共生的关系。所谓的共生关系，是指两种不同生物之间形成的密切互利的关系。一种生物为另外一种生物提供赖以生存的基础，同时也获得对方的帮助。两种生物共同生活，彼此依赖，如果分开，双方或者其中的一方则无法生存下去。

共生

　　按照共同居住的状况，共生分为外共生和内生。外共生，例如，清洁虾以鱼类体表的细菌和病灶组织为食，既帮助鱼类做了清洁工作，同时也为鱼类治了病。它们之间的这种关系属于外共生。内共生，例如，鞭毛虫和白蚁，鞭毛虫寄居在白蚁的消化道内，白蚁为其提供了栖息的场所和营养来源，而鞭毛虫则替白蚁消化纤维素，两者的关系就属于内共生。

大自然的生存法则是"物竞天择，适者生存"。在漫长的进化历程中，似乎只有战胜对手才能赢得大自然的青睐，但其实体现合作精神的共生关系的生存战略同样是大自然的选择，是另外一条进化道路，如美丽的海葵和海葵虾。

海洋万花筒

白蚁喜欢吃木材，但其肠道内缺乏消化木质纤维的水解酶。而生活在白蚁肠道中的鞭毛虫却刚好能分泌这种酶，并将其分解为糖。这些糖不仅为白蚁提供了能量和营养，又能被鞭毛虫吸收。如果没有鞭毛虫，白蚁就会因为无法消化木材而被活活饿死。但如果鞭毛虫脱离白蚁的肠道，它们也无法生存下去。一旦白蚁蜕皮，鞭毛虫就会被甩出来。蜕皮的白蚁则会吃掉未蜕皮的白蚁的排泄物来重新获得鞭毛虫。

水母与鱼类、藻类的共生

　　虽然水母十分凶猛，但它们也不是孤傲而高冷的动物。

　　水母与鱼类的共生：小牧鱼和水母的共生关系众所周知。除了小牧鱼外，还有一些鱼类可以和某些种类的水母共生，如小丑鱼、巴托洛若鲹、军舰鱼可以和僧帽水母共生。小丑鱼、巴托洛若鲹和军舰鱼身体上的黏膜不会刺激僧帽水母的刺细胞，也就不会受到僧帽水母触须的攻击。它们会在被其他鱼类捕猎的时候躲进僧帽水母的触须里，那些攻击它们的鱼类就成了僧帽水母的食物来源。还有大洋极深海鳍，有时会与冥河水母共生，它也是人类已知的唯一一种与水母共生的鳍鱼。

　　水母与藻类共生：如今研究最透彻的共生关系之一是某些水母和藻类之间的关系。拥有共生藻类的水母，如仙女水母和澳洲斑点水母，都可以用藻类供应的碳水化合物来满足自己的营养需求。有了这些藻类，水母就可以不用进食。由于阳光的照射和水中存在的大量养分，共生藻类能进行光合作用，从而不会让水母缺乏营养。

水母与无脊椎动物的共生

　　许多种类的无脊椎动物将水母当作移动家园和免费的"便车"，还是提供餐饮的那种。小型蟹类生活在水母层叠状组织的沟壑中；鹅颈藤壶生活在水母钟状体边缘，悬挂在触手之间或身体顶端，像触角一样朝上伸着。有一些种瘤蛇尾属的海蛇尾和水母的共生关系很令人惊讶，一只水母身上会出现几十只海蛇尾。

　　有些发育中的甲壳动物会趴在水母钟状体顶端。还有一些无脊椎动物对水母的利用更彻底，不仅吃水母的、喝水母的、用水母的，最后还将水母的"尸体"或"残肢"占为己有，用来武装自己。其中有一种名为印太水孔蛸的章鱼会将水母的触手排列在自己8条触手的吸盘中，用来攻击和防御。还有一些种类的螃蟹甚至会将水母披在身上当防御外套，就像"金钟罩"一样。

寄生所带来的影响

　　寄生是指一种生物生活在另外一种生物的体表或者体内，并从后者摄取营养来维持自身生存的种间关系。前者是寄主，后者称为宿主。寄生是生物种间的一种对抗性的相互关系。共生是相互依赖且互惠的，但是寄生会对宿主造成一定的破坏。

　　最典型的寄生是水母和一种片脚类动物的关系，后者形似小虫子，会进入水母的体内，吃掉水母的胃组织和生殖器，然后这种雌性寄生物会挖空水母的内部，留下外皮，将自己的后代留在水母体中。雌性寄生物会推着水母的身体前行，以便照顾自己的后代，后代出生后，会将水母当作第一顿大餐。

💡 开动脑筋

1. 什么是共生关系？
2. 什么是寄生关系？
3. 水母湖在哪个国家？

无毒水母集结地——水母湖

水母湖位于帕劳的科罗尔，是帕劳的"镇国之宝"。人们在 1982 年发现了这个湖，在 1985 年将其作为旅游景点。帕劳地区有 4 个无毒的水母湖，但只有一个对外开放。水母湖是一个天然的潜水胜地，潜入水中，人们可以看到很多美丽飘逸的黄金水母，它们是藻类的宿主，通过与藻类形成的共生关系生存。它们围绕在人们身旁，给人一种梦幻般的感觉。这时，更多的人会情不自禁地放慢脚蹼的摆动，与它们共舞。这些无毒的水母全身都散发出淡淡的橘色光芒，以海藻分泌的营养素来维持生存。

在数万年前，水母湖曾经是海的一部分，随着地壳运动，附近的海床上升，这里就被隔离开了，一个看上去十分普通的内陆咸水湖由此形成。随着湖中养分的不断消耗，大部分的海洋生物消失了，只剩下一种低等的海洋生物，那就是水母，它们只需要依靠少量的微生物就能够生存下去。因为天敌都消亡了，这些水母就失去了先辈们用以保护自己的武器——毒素。这些水母脆弱到游客身上的防晒霜都会伤害到它们。而且，在大约每 10 年出现一次的厄尔尼诺现象影响下，水母湖温度会升高，导致水母大面积死亡，但它们经常能够实现数量大反弹。

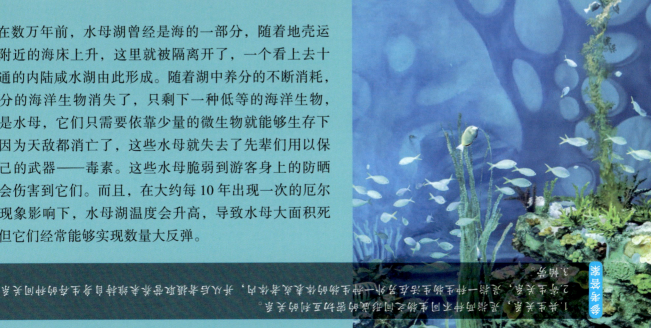

1. 共生关系，是指两种不同生物之间所形成的紧密互利的关系。
2. 寄生关系，是指一种生物寄生在另一种生物的体表或体内，并从后者摄取养料以维持生活的关系。
3. 帕劳。

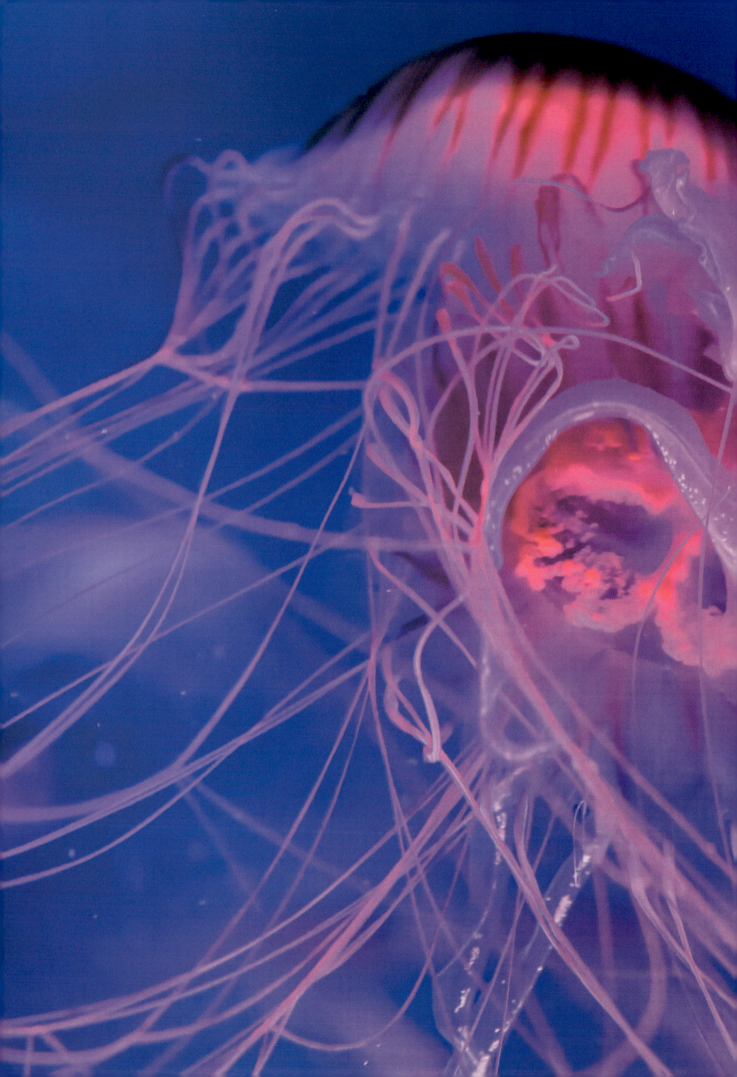

Part 4
奇形怪状的水母

　　水母的种类有很多，外貌和形状也不尽相同。有的水母像钟表，由于其眼睛旁有一排红色的眼点，因此被称为红眼水母；有的水母像疱疹，有橙棕色的花纹，喜欢在夜间活动；有的水母则像箱子，被人们称为箱水母；还有的水母像灯塔、有的像荷包蛋、有的像警报器……是不是有点儿难以置信？

Part 4 奇形怪状的水母

华丽钟形水母

　　华丽钟形水母的身体呈透明状，一排红色眼点分布在边缘，长有 100 多条细长可伸缩的触手。在游动时，触手会缩得很短，当处于静止漂流时，触手长度会变成钟状体的两倍。

形态特征

　　华丽钟形水母又名红眼水母，体呈钟形。直径为 2～3 厘米，高度可达 10 厘米。这种水母的生殖腺和其他一些内脏为紫色、黄色、黄褐色或者红棕色。华丽钟形水母主要生活在近岸水域和鳗草之间的海湾中，喜欢吃鳗草上常见的小型甲壳动物，以及底部的蠕虫和小型浮游生物。

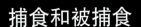

捕食和被捕食

白天，华丽钟形水母像一只蜘蛛般伸展着四肢，匍匐在海床上。为了捕捉海底周围的浮游动物，它们"跳跃"着，然后慢慢下移。晚上，它们会将头部收紧，上浮一些，吃掉那些从沉积物中出现的小型有机物。华丽钟形水母的垂直移动凭借的是钟形头底部边缘上的眼点，这些眼点看不见图像，但对光十分敏感，能够探查到光线。一直以来，人们都认为海蛞蝓只吃水螅虫，并将未释放的刺细胞收为己用，不会吃水母体一类的生物，因为水母体可以游开，然而，有一种乳白色的海蛞蝓掌握了吃掉华丽钟形水母的方法。这种乳白色的海蛞蝓会等到华丽钟形水母出现，先吃掉它的触手，然后再吃掉整只水母。

⚛ 海洋万花筒

水螅虫为多细胞无脊椎动物，通常很小，只有几毫米。身体呈褐色，为圆筒状，体内有一个空腔。下端有基盘，上端有口，长有6～10条触手。常常生活在淡水中，固着在水沟中的水草上。它们的老化速度极慢。

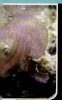

疱疹水母

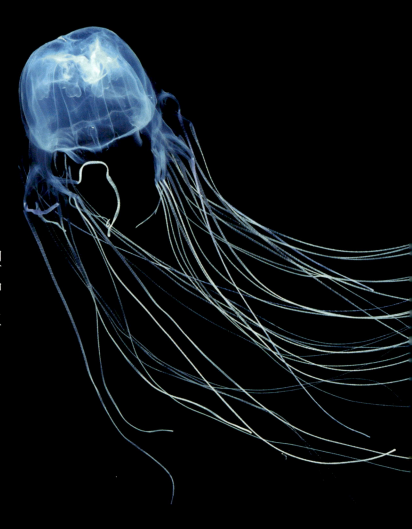

疱疹水母是一种小型的箱型物种，只有 8 毫米高，透明的钟状体内靠近钟顶的位置有 8 个生殖腺。它是一种有剧毒的水母。

疱疹水母的形态

如果不小心被疱疹水母蜇了后，人们会产生类似于疱疹的反应，它留下的伤口与热病性疱疹很像，并且会在接下来的几年内重复性地出现，可以看出它是有剧毒的。这也是它名字的来源。

疱疹水母有 8 个生殖腺，在雌性个体上，这些生殖腺呈叶状结构；在雄性个体上，呈橙色半球状。疱疹水母能够游泳，但大部分时间它们都在休息。

在白天的时候，疱疹水母会沉入海底，把身体顶端的粘盘附着在珊瑚、石头或海草叶片的底面，将触手收起来，放在钟状体内，压平自己。这样一来，想要发现它们就变得很难。每当夜幕降临时，它们就会活跃起来，上浮去寻找食物，然后沉入水中，触手舒展开来，以捕捉食物。这是疱疹水母典型的进食机制。

疱疹水母的繁殖方式

　　疱疹水母主要吃浮游生物，如桡足类、动物幼虫和夜光藻等。一般来说，水母的交配方式都是体外受精，即成熟的水母将精子和卵子排到海中进行受精。但疱疹水母会采用十分浪漫的求爱方式，雄性疱疹水母会用一条触手将雌性疱疹水母抓住，跳一场"婚礼舞蹈"，即将其拉过来拉过去，然后把它们的柄紧紧地放在一起。当雌性疱疹水母准备好进行交配时，它们会在钟状体的边缘长出黑点。雄性疱疹水母察觉到这些黑点后便开始向雌性求偶。最终雄性疱疹水母会将一个精子束放置在雌性疱疹水母的触手上，雌性疱疹水母咽下精子后，可以从外面看到它胃腔里的多个呈亮橙色的受精卵。数小时后，雌性疱疹水母会找到一片适宜的海藻，在那里产下一条黏液带，里面充满正在发育的浮浪幼体。

　　疱疹水母是暖水性物种，常分布于热带地区和亚热带地区，也有少数分布在温带地区，如新西兰的惠灵顿和澳大利亚的塔斯马尼亚。

维多利亚多管发光水母

维多利亚多管发光水母也被称为水晶果冻水母、水晶水母，大部分栖息在北美洲西海岸。在春末时分，在海洋底部栖息的水螅体会发育成水母体，它们会游到东太平洋近岸以及离岸地区。

维多利亚多管发光水母的形态

维多利亚多管发光水母的身体几乎完全透明，并且口伸缩幅度较大，连通垂管处于中央位置，辐管伸展到伞膜边缘。伞膜边缘由多达 150 条长度不一的小触手包围。触手上分布着用于捕食和防御用的刺细胞。它们主要吃甲壳类的浮游动物和软体生物，同时会捕食凝胶状生物。

🔬 海洋万花筒

维多利亚多管发光水母最初发现于北美洲西海岸的维多利亚港，因此而得名。它们的伞状体下方密集地排列着很多根辐管，多管水母的属名也由此而来。

生物学用途

维多利亚多管发光水母在发光水母中"声名显赫"。一眼看去，它们和其他水母没有什么不同，但在被攻击时，它们会散发一圈绿色的荧光来进行防御。夜晚，它们光点一个连着一个，围成一个圆圈，在水流中变幻着，美极了。维多利亚多管发光水母已经成为最具影响力的水母，经过研究，科学家们发现这种水母具有光蛋白和绿色荧光蛋白（GFP）。这两种蛋白质都可以用于分子研究、临床和实验室。目前，这种水母还有极其重要的生物学用途，例如，研究大脑怎样将感觉信号转化为动作输出、追踪 HIV 病毒的扩散以及标记癌细胞等。

开动脑筋

1. 华丽钟形水母如何捕获猎物？

2. 说说疤疹水母名字的来源。

3. 为什么说维多利亚多管发光水母是最具影响力的水母？

仙女水母

仙女水母主要生活在佛罗里达南部海岸、印度洋到太平洋沿海的热带水域等。它们有4～6条扁的触手，从口或者口腕的两侧伸出，每条触手有几个囊，里面分布着共生藻类，这些共生藻类名为虫黄藻，与珊瑚的共生藻类类似。

仙女水母的底栖生活

仙女水母是可以游泳的，但大部分时间里都躺在海底沉淀物上，偶尔搏动一下自己的钟状体。为了过上底栖生活，它们的钟状体是扁平的，这种形状有利于它们稳定地停留在平整的表面上。它们的口腕向身体侧面展开，以便最大限度地接受阳光。口腕的表面呈叶状，从而为藻类提供充足的表面积。除此之外，一个有趣的现象是仙女水母的口腕处有大量的附着物，人们认为这是虫黄藻的动力室，能够额外为其提供能量。

仙女水母喜欢密集在海水较浅的热带潮池内，由于它们非常像海藻，一般难以被发现，但凑近一看，可以看到它们是活的，并且在不停地搏动着。

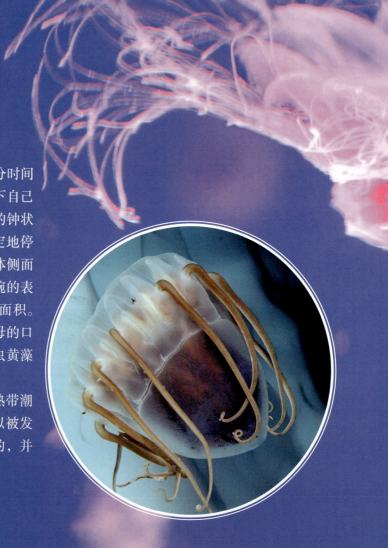

仙女水母的防御

　　仙女水母刚开始为水螅体，长大到一定程度时，便释放能够自由游动的水母，有着和钵水母一样的所特有的固着阶段。当附近的水受到干扰时，就会释放大量有毒的黏液。仙女水母还有一个秘密武器：当危险来临时，会抛射一种像孢子一样的东西，能像隐形炸弹般攻击周围的生物。

海洋万花筒

　　水母是会睡觉的，因为它们有许多神经系统，这些系统和大脑一样需要休息。水母在睡觉时会静止在水中，有时也会随水流漂浮，而且它们在睡觉时的反应速度比平时慢很多。

球栉水母

球栉水母体型较小，呈球形，像一个玻璃球。

形态特征

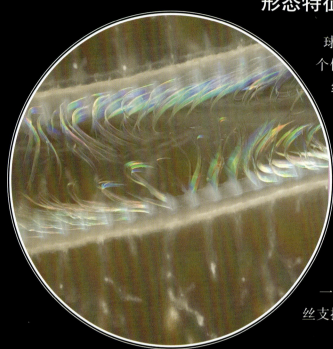

球栉水母是有触手纲动物，又称球形侧腕水母。个体最大的高约 18 毫米，有 8 条清晰的由若干块纤毛板组成的栉毛带，随着个体的成长发育，纤毛板的数目和栉毛带的长度也随之增加。当个体完全成熟时，纤毛板数约为 40 块。触手为 2 条，一般会伸展到体外。当有危险来临时，球栉水母的触手则会缩回触手鞘内。当触手完全伸展开，其长度为体长的 20 多倍，十多条分支就会从触手的两侧分出来，有时多达几十条。而其呈圆球形的感受器则处于背口端极区的中央凹下的部分，外为盖钟，内有一球状体，由大量的平衡石组成，下面由 4 条弹丝支撑。

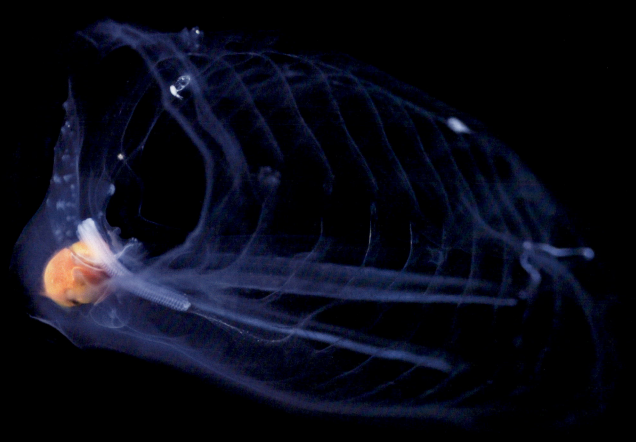

球栉水母的主要食物

　　球栉水母主要靠触手捕食箭虫等小型浮游动物，触手是它们的捕食器官。每当小型浮游动物游过来时，球栉水母的触手及其分支上的黏性细胞就会分泌黏液，将其粘住。这时，触手收缩，同时开始旋转身体，将触手卷绕在外面，等猎物靠近其口端时，口张开，开始吞食。整个消化过程大约会持续1小时。在春、夏两季时，贝虾类养殖池中经常会发生球栉水母吞食虾幼苗的情况。因此，球栉水母为贝虾类养殖业的敌害之一。

🌸 海洋万花筒

　　箭虫属毛颚动物门，一层由细胞组成的表皮覆盖在其躯体表面，头部有用于捕获猎物的刺，上面覆盖着薄皮褶。头部的肌肉能够控制口、齿的运动。躯体部位的肌肉呈纵行排列，上面有数条横带。大型的脑神经节和感觉神经组成了其神经系统。体表分布着具有纤毛的圆形小突起，为其触觉感受器。

Part 4 奇 形 怪 状 的 水 母

灯塔水母

灯塔水母的体型如同豌豆般大小，其身体透明，能看到鲜红色的胃部。

灯塔水母的形态

从古至今，人类一直在探寻着永生的秘诀，但我们没有料到的是，这个最令人向往的秘密可能在一种水母身上出现了，这种水母便是灯塔水母。

灯塔水母是一种小型水母，伞状体的直径为 4 ～ 5 毫米，如同豌豆般大小，身体透明到可以看见其鲜红色的胃部。由于其身体呈灯塔状，因此被称为灯塔水母。灯塔水母的伞状体直径和高度相当，凹入的一面为下伞面，向外凸出的一面为外伞面，而垂唇则位于下伞面的中央位置，垂唇的游离端为口。

几十条又细又长的触手从灯塔水母伞状体边缘辐射出来。其体壁由两层上皮肌肉细胞和中胶层构成。胃囊处有 4 条辐射管延伸出来，并和环管连接在一起，由环管可伸出离心的小管进入触手，直接到达触手的末端。

开动脑筋

1. 仙女水母为何能稳定地停留在平整的表面上？

2. 球栉水母主要吃什么？

3. 灯塔水母为何能够永生？

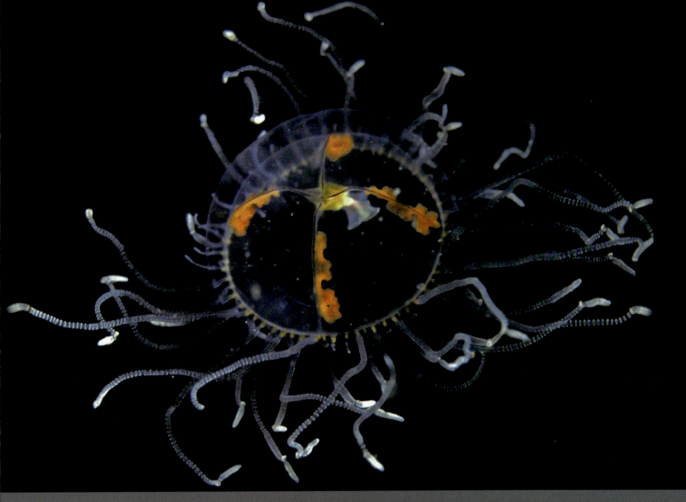

灯塔水母永生的秘诀

　　和其他水母一样，灯塔水母拥有自由游动的有性水母体阶段和底栖生活的无性水螅体阶段。绝大部分生物死亡时会降解和腐烂，但灯塔水母不一样，它们的细胞会通过转分化细胞发育过程，再次聚集起来，重组成新的水螅体群体。因此，灯塔水母在性成熟后可以重新回到未成熟的阶段，紧接着，水螅体再次通过出芽的方式产生新的水母体。这就相当于一只将要死的青蛙再次聚集细胞，变成一只蝌蚪。是不是很神奇？

海洋万花筒

　　水母会说话吗？答案是不会。水母没有眼睛，也不会说话，但它们能够感知次生波。水母之间如果要沟通，就要靠它们的触手和强大的感官神经系统。

1.它们的触手是透明的，图片可以捕捉到停留在卡槽里的单个。
2.被水母捕获的鱼
3.对活跃水母死了，触须可以张开，让它们重新从小闭合并且长得一样。

灯塔水母

冥河水母

冥河水母属于巨型深海水母科动物，是一个较为单一的物种，也是深海中最大的无脊椎食肉动物之一。

冥河水母的形态特征

冥河水母为黑红色，外形为钟状，伞状体直径大约为 1 米。有 4 只长约 10 米且非常发达的口腕。目前已知最大的冥河水母的伞状体直径大约为 1.4 米，体长为 11 米。这种水母的伞缘没有触手，但伞缘的褶皱很多，有十分发达的纵肌。

分布广泛

人们最早于1901年在南极海域发现了冥河水母。在随后的100多年中，这种水母多次出现在南极海域，人们也曾在日本海域发现过这种水母。北冰洋、太平洋和大西洋都有它们的存在。因此，人们推断这种水母虽然极为罕见，但应该分布很广。

✿ 海洋万花筒

冥河水母是一种无毒的水母，它们的触手很光滑，上面没有刺细胞，科学家猜测它们可能用触手缠绕猎物后进食。

狮鬃水母

　　狮鬃水母是霞水母科、霞水母属中的一种动物，其伞状体可达 2 米，有 8 组触手，触手最多的时候有 150 条，长度超过了 35 米，有着和蓝鲸一样的体长。狮鬃水母有十分简单的结构，既没有大脑，也没有心脏，但这丝毫没有减弱其危险性。

狮鬃水母有毒

　　狮鬃水母看上去十分漂亮，因嘴边有橙黄色的触手，如同狮子的鬃毛般而得名。它们异常凶猛，其触手上的毒针能够麻痹人，可致人死亡，不过它们很少在人类活动的地方出现。它们的触手不仅是捕食的武器，也是消化器官。这些触手上布满能够射出毒液的刺细胞。

狮鬃水母的习性

大多数狮鬃水母栖息在较冷的海域，在海面下 20 ～ 40 米的区域活动，主要吃浮游动物、小鱼等。它们为雌雄异体，生殖腺位于胃囊附近。每当春天来临时，海水变得温暖起来，狮鬃水母就开始大量繁殖。为了提高受精的概率，它们会聚集在一起，把精子和卵子释放在海水中。有的精子会游到雌性水母体内，在母体内结合成受精卵，并发育成长。在北大西洋、北太平洋、新西兰海域和北冰洋，这种水母均有分布，但极少存在于低于北纬 42° 的地区。

🔆 海洋万花筒

狮鬃水母的个体大小会影响它们的体色，较大的个体拥有鲜艳多变的体色，而较小的个体则多为亮橘色、棕褐色，甚至是无色的。它们的寿命为 4 年左右，属于比较长寿的水母。

煎蛋水母

煎蛋水母属于钵水母纲动物，伞状体周围是白色的，中央却是黄色的，看上去十分像煎鸡蛋，这是其得名的原因。

煎蛋水母的形态

煎蛋水母的伞状体直径为 60 厘米，触手分布在伞状体的边缘，并且具有 16 个缺刻，每个缺刻中都有一个触手囊，也称感觉器。纤毛沟长在口腕的内部，辐射管从胃囊中伸展出来，有的煎蛋水母有环管，有的煎蛋水母则没有环管。它们的身体呈白色透明的盘状，大量的刺细胞分布在外伞中央位置。平衡囊位于其远端，呈豆子状。16 束呈 "U" 形排列的触手分布在下伞的纵辐位上，它们有非常发达的口腕，白色的触手长达 3 ～ 6 米。

煎蛋水母的生长过程

煎蛋水母的生长过程为：水母体→浮浪幼虫→钵口幼虫→横裂体→碟状幼虫→水母体。煎蛋水母主要分布在温带海域，包括地中海、大西洋、东太平洋等，大量分布在美国加利福尼亚州的蒙特利湾。

煎蛋水母的消化系统

煎蛋水母有十分复杂的消化系统，口连接着胃腔，胃腔位于身体的中央位置。胃腔向周围扩展，4个胃囊由此形成。分枝和不分枝的辐管从两个胃囊的中央伸展出来。这些辐管和伞状体边缘的环管连接在一起。水流由口进入，到达胃腔，经过辐管，到达环管，再由一定的辐管流入胃囊，从口流出。

开动脑筋

1. 冥河水母主要分布在哪些海域？
2. 狮鬃水母毒性大吗？
3 说说煎蛋水母名字的来源。

煎蛋水母的生殖腺

煎蛋水母有4个生殖腺，呈马蹄形，由内胚层产生，处于胃囊底部的边缘。一些丝状结构分布在生殖腺的内侧，即胃丝。生殖腺产生精子或者卵子，在水流的作用下，精子进入雌性水母体内，与卵子结合成受精卵，也有在海水中结合成受精卵的。

1.南极海域、北冰洋等，无昆虫和寒带区。
2.狮鬃水母触手上的毒针可以蜇伤人，甚至致人死亡。
3.这种水母身有上半部像煎蛋，所以被称为煎蛋水母。

参考答案

炮弹水母

　　炮弹水母的伞状体几乎为球形，并且十分结实，它们分为两种：一种生活在太平洋，为蓝色；一种生活在海湾地区和大西洋中，为乳白色果冻状。当危险来临时，它们就会沉入水底，并释放有毒的黏液。

形态特征

　　炮弹水母又称卷心菜水母，其伞状体的直径为 18 ~ 25 厘米，高度大约为 12 厘米。它们能够分泌毒液，没有刺细胞触手，但身体下方是一丛丛口腔武器，围绕口部伸展。这些武器既有利于捕获猎物，还能起到推进作用。炮弹水母是一种肉食性动物，主要吃软体动物、浮游幼虫和鱼卵等，大多数分布在中西部大西洋的河口、太平洋和沿海海岸线上。

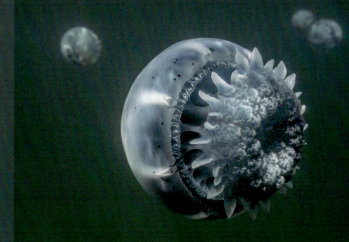

繁殖方式

　　炮弹水母的生命周期由两部分组成，分别为有性生殖和无性生殖。在有性生殖过程中，雄性炮弹水母会从嘴里射出精子，雌性炮弹水母用嘴将其捕获并受精，精子和卵子结合成受精卵。胚胎在口部附近手臂的特殊小袋中成长。3～5小时后，幼虫沉入水底，并附着在坚硬的物体上。幼虫会发育成长为水螅体，并捕食游动的小猎物。随后通过出芽进行无性生殖，后代分离并变成碟状幼虫，最终变成成年的水母形态。野生状态下，炮弹水母的生命只有3～6个月。

炮弹水母的用途

　　炮弹水母曾经被认为是海洋生态系统生物多样性的威胁者，幸好被人们发现它们的商业价值，这种水母不仅可以食用，还具有一定的药用价值，可以治疗一些疾病，如关节炎和高血压。

紫海刺水母

紫海刺水母看上去十分美丽，外伞有十分引人注目的紫色条带，触手呈紫色。它们喜欢与一种寄生蟹生活在一起。

形态特征

紫海刺水母是旗口水母目中的一员，又叫彩色金黄水母，伞状体直径超过 30 厘米，最大可达 70 厘米，并长有 8 条缘触手和 4 条口触手。

紫海刺水母的背上分布着紫色的条纹，给人一种浪漫的感觉。幼体呈淡红色，发育成熟后才转变为紫色，触手也由原来的又细又长又黑转变为又粗又短又白。如今，人们把紫海刺水母当成一种观赏生物来进行人工饲养。

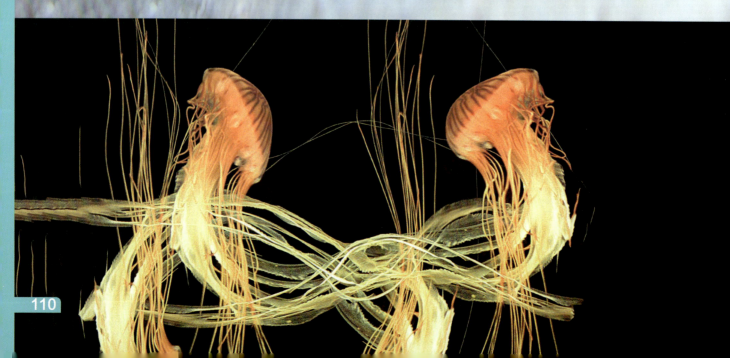

分布范围

　　紫海刺水母是海洋中举足轻重的大型浮游生物。它们的寿命很短，只有几个月的时间。紫海刺水母的种类超过 200 种，世界各地的海域中都有分布，但主要分布于美国加利福尼亚州的蒙特利湾。

海洋万花筒

　　水母没有真正的眼睛，但它们有一种原始的视觉器官，与一些昆虫的复眼相似，称为点眼。水母的"眼睛"没有成像的焦点，但能感受到光影，还能感受到外界光线环境的变化。

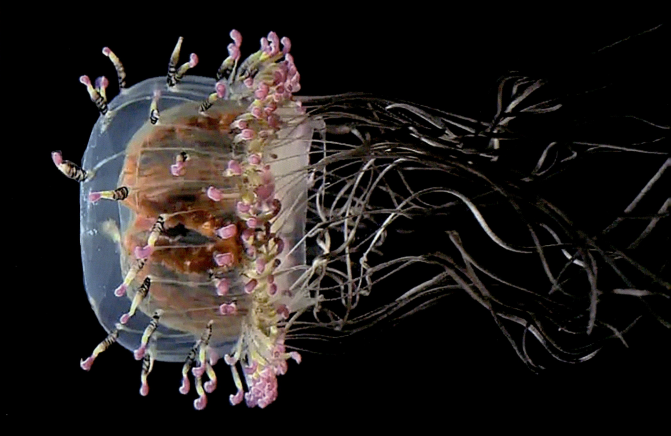

花笠水母

　　花笠水母属于水螅纲中为数不多的一种"大型"水母，其伞状体直径可达18厘米。相对于其他体型仅有一两厘米的水螅纲水母而言，花笠水母可谓一个"巨人"。它们伞部的黑色条纹呈不规则辐射分布。每道黑色条纹的末端均有一条非常短的触手。

　　花笠水母很像人们头顶上戴着的花礼帽，这是其得名的原因。花笠水母是一种十分罕见的水母，主要分布在日本、阿根廷和巴西的海域中。在不用触手时，它们会用触手盘绕着自己身体的边缘，看上去如同一顶花礼帽。

触手的特征

花笠水母有两种触手：一种是数量大的短触手，大多数生长在伞状体的边缘，更为少见的是，它们的伞面上也有一些短触手。短触手的末端呈漂亮的荧光玫瑰红色和荧光绿色。短触手起附着和保护自己的作用。另外一种触手较长，分布在伞状体的边缘，数量很少，主要起捕获猎物的作用。

花笠水母的毒性

花笠水母的毒性较大，如果人不小心被蜇，身体会产生强烈的疼痛感。虽然花笠水母蜇人致死的新闻至今还没有出现，但被蜇后休克的事例常有发生。因此，如果我们在海边遇到了这种漂亮的水母，最好避开它们。

开动脑筋

1. 炮弹水母如何分类？

2. 紫海刺水母在外形上有什么样的特点？

3. 花笠水母有毒吗？

安全提示

小心水母

管水母

管水母目前被归类于水螅纲软水母亚纲的管水母目，是珊瑚虫和水母的近亲。管水母是由大量的异形个体集成的群体，广泛分布在温带、热带的海洋中。它是地球上体长最长的动物，有些种群体长能够达 50 米，是大型的营漂浮生活的水母型群体。

管水母的结构

管水母不是单体动物，而是由大量的小水螅体和水母体构成的群体。所有的管水母都能够自由游动，所以，每个群体又如同单个生物。群体里的个体有不同的形态和功能，这些成员会分化成个员，即游泳个员、漂浮个员、保护个员、繁殖个员等。一个群体有 7 种不同类型的个员。在这些个员的共同作用下，群体才得以生存下去。但它们既不能单独生活，也不能行使某项功能。每个群体叫一个合作节，顺着群体的主茎排列。伴随着群体不断生长，其群聚合作节会继续增加。

结构和功能

　　在结构和功能方面，每个群体都分为两个部分。茎的上部分为泳体，即泳钟所在的位置，可以把它看作发育不完全的水母体。泳体推着群体游动。茎的下半部分为管水母下体，是生殖个员、捕食个员、蜇刺个员等居住的地方。如果有些物种拥有浮囊，其位于整个群体的顶端。

　　一些物种会从茎的顶端的一个出芽点通过出芽的方式长出额外的群体成员，而其他的物种能够从茎上的数个出芽区出芽。在大量的物种中，泳钟是能够被替换掉的。如果丢失不见，也能在短时间里长出来。但在有些物种中，泳钟丢失了就不再长出。

Part 4 奇形怪状的水母

水螅体

　　水螅体包括进食个员、捕食个员、生殖个员这三种基本个员。

　　进食个员，即虹吸管，是一种管状结构，每根管都有一个如同喇叭形状的口和一个独立的胃。一个漂浮的水母体下面能固着很多的进食个员。

　　捕食个员，即触手，其作用是捕猎，并把食物送给进食个员。例如，有的僧帽水母，它们的触手长达 15 米，上面分布着刺细胞，等猎物游过来时，触手会交织成网，用以捕获猎物。

　　生殖个员，其作用是繁殖后代，多为简单且短的管状结构，没有口，也不会游动，但能够出芽，产生的水母体通过有性生殖繁殖下一代的管水母群体。

水母体

　　水母体由游泳个员、漂浮个员、保护个员和生殖个员构成。

　　游泳个员，即泳钟。通常由水母伞状体变异而来，其作用是推动管水母移动。

　　漂浮个员，即浮囊，里面充满了与空气成分接近的气体。其作用是让管水母能够悬浮在海中一定的深度或者漂浮在海面上。只有大的漂浮个员而缺乏泳钟，它们就会随着海浪漂流，经常被冲到海滩上。

　　保护个员：这个部位的形状是平的，像一面镜子或者树叶。保护个员的形状和功能与水母体很不一样，所以人们很难想到，它是由水母体变异而来。

　　生殖个员：这个部位可以分裂出用来无性生殖的芽体。芽体既活不长，也不捕食，它们唯一的作用就是释放精细胞。大多数芽体都会释放精细胞，但基本都附着在母体之上。

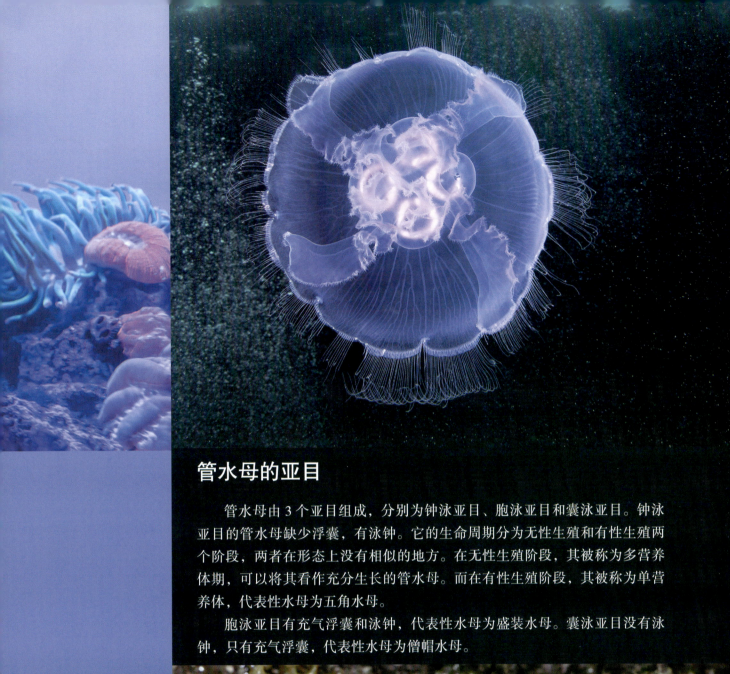

管水母的亚目

　　管水母由 3 个亚目组成，分别为钟泳亚目、胞泳亚目和囊泳亚目。钟泳亚目的管水母缺少浮囊，有泳钟。它的生命周期分为无性生殖和有性生殖两个阶段，两者在形态上没有相似的地方。在无性生殖阶段，其被称为多营养体期，可以将其看作充分生长的管水母。而在有性生殖阶段，其被称为单营养体，代表性水母为五角水母。

　　胞泳亚目有充气浮囊和泳钟，代表性水母为盛装水母。囊泳亚目没有泳钟，只有充气浮囊，代表性水母为僧帽水母。

Part 4 奇形怪状的水母

紫色管水母

据英国的《镜报》2014年9月17日报道，美国海洋学家在墨西哥湾发现了一种紫色管水母，这是一种超级罕见的神秘海洋生物，它是由游动的、很小的孢子组成的群体生物。紫色管水母有水母的外形，但每个有机体一起游动、进食和呼吸。全世界海洋中的管水母有175种，但紫色管水母却十分少见。僧帽水母是最著名的一种管水母，这种水母毒性极强。而巨型管水母体长可达50米，是世界上最长的动物。

开动脑筋

1. 管水母的结构由几部分组成？

2. 管水母可以分成几类？

3. 美国海洋学家在什么地方发现了一种紫色管水母？

参考答案

1. 漂浮个体、游泳个体、保护个体、繁殖个体等。

2. 两类，存在3个亚目和3个亚群。

3. 墨西哥湾。

当巨型管水母从高压环境迁移到压力较低的区域时，它们的身体会因为适应了高压环境而在较短时间内迅速膨胀，最终可能导致"爆炸"。也有科学家认为，巨型管水母的自爆行为可能与水中缺氧或其他外界干扰有关，这些情况可能会导致它们进行自我破坏以应对威胁。

帆水母

　　帆水母是管水母的一种，它的身上有一张"帆"，可以凭借海风到处漂荡。暴风雨之后，人们常常在海岸边看到上百万只帆水母被冲上沙滩。这些小动物有着蓝色的身体，人们在海岸边看到这群帆水母时，想必眼前出现的是一番盛景。

　　帆水母喜欢温暖的海水，它生活在全世界各大洋中温暖的水域，我国东南沿海、菲律宾海域和日本海域都是帆水母生活的乐土。帆水母的长度各不相同，有些帆水母的体长能达到 7～8 厘米，有些帆水母则只有 4～5 毫米。

Part 5
水母有个大家族

水母有一个大家族，海洋中已知的水母就多达上千种，或许人类也不清楚水母这个大家族到底有多少成员。有的水母能够长得很大，如霞水母，其触手长达 36 米；有的却很小，如灵气水母，它们小得连触手都没有，仅靠几百张小口来进食。

幽冥金黄水母

在希腊语中，幽冥意为幽深而神秘，因此，幽冥金黄水母又称为黑色海荨麻、黑海刺水母，属于金黄水母属。幽冥金黄水母大多数分布在太平洋海域，是一种大型水母，体长 6 米左右，伞状体直径可达 1 米，全身有时呈黑色，有时呈淡红色或者紫色。它们通常吃浮游动物、小型鱼类和其他水母。

形态特征

幽冥金黄水母的伞状体呈穹顶状，32 个方形圆角感受器位于伞状体的边缘。细长的触手则处于这些感应器之间。触手分为 8 组，每组有 3 条。伞状体下面有 4 只口腕，这些长长的口腕相互缠绕在一起。

颜色的变化

　　幽冥金黄水母幼体为淡淡的紫色，当长大到约 5 厘米长时，伞状体为粉红色，而触手为白粉色，口腕为亮红粉色。野外的幽冥金黄水母全身呈一种不透明的深紫色，接近黑色。在水母中，这种颜色极为罕见。

行踪诡秘

　　幽冥金黄水母是新发现的物种，它们进化出了大型内部锚定结构，这样可以以头部朝前的方式游进激流中。它们的行踪非常诡秘，目前科学家只知道这种水母分布在美国加利福尼亚州的蒙特利湾和墨西哥附近的海域中。但是关于该水母的生长周期和行为习惯依然是一个谜。

灵气水母

灵气水母有形似窗帘的口腕、像兜帽的感觉器官、不分支的水管系统和一个硕大的圆形胃。

形态特征

人们于 2013 年在澳大利亚的悉尼发现了灵气水母，它们如同葡萄般大小，钟状体直径约为 2.5 厘米。为什么这么晚才被发现？这是由于它们曾被认为是其他物种的亚成体。

一种不同的鲸脂水母

自从被发现后，灵气水母成为世界上已知最小的鲸脂水母，灵气水母和其他所有物种都不同，以至于它们被发现后立即被认为是新物种，人类为它们新开了属、科和亚目。

和其他鲸脂水母一样，灵气水母没有真正的触手，它们靠数百张小口来进食。

灵气水母成熟时体长不超过 20 毫米，身体呈半透明圆形，黄色的小疣子覆盖在表面上，伞状体的口是金黄色的。直直的内管道呈均匀分布，从侧面看，为浅色条纹，让人情不自禁地联想到七弦竖琴。这些特征使它和其他的鲸脂水母有明显不同。

关于它们的习性

灵气水母每分钟搏动超过 200 次，但是游不远，这说明它们的运动是为了调整自己在海水中的垂直位置，而不是为了移动自己。它们的组织中存在很多共生藻类，为它们提供需要的能量。人们对它们的了解很少，尤其是关于它们的习性大多都属于猜测。

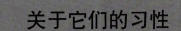

海洋万花筒

由于水母身体的 95% 是水，它们死了后，一般差不多几秒钟就会化成水。这是因为它们身体中的其他部位会被水中的其他生物分解或溶解在水中，所以，它们死后看起来就变成了水。

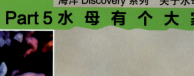

僧帽水母

　　僧帽水母最显著的特征是有着漂亮的蓝色浮囊。浮囊底平，两头尖，形状像僧人的帽子，这是其得名的原因。

形态特征

　　僧帽水母个体由伞部和口腕两部分构成。伞状体呈球形或扁平圆盘形，腹面有口，分布着大量小触手的口腕悬于下方。触手最长达数十米，上面布有大量的刺丝囊和可以分泌消化酸的腺细胞。触手接触到物体时会马上缩回来，将物体卷起来，发射刺丝进行袭击。僧帽水母用口碗吸口附近的小触手来捕捉猎物。

僧帽水母的踪迹

　　僧帽水母喜欢聚集在一起，并分布在世界各地的海洋中。如果站在船上，向下看去，一个又一个透明的浮囊随着水流漂浮，在太阳光之下，它们那蓝紫色的又长又柔的触手如同一条条漂亮的绸带。

僧帽水母的特点

僧帽水母是管水母中最具代表性的水母，它的浮囊与我国古代僧人的帽子十分相像。如果细细地观察，我们就能看到这顶漂浮的"僧帽"是大量的个体（水母体和水螅体）的结合体。

在西方人的眼中，僧帽水母又像16世纪的葡萄牙战舰，因此将它称为葡萄牙战舰水母。19世纪，博物学家们曾热烈地讨论过僧帽水母，从演化史方面来说，它们是一个群体，但从功能而言，它们更像一个个体，是一个整体里的不同器官。

僧帽水母的毒素

僧帽水母虽然有迷人的外表，但它们的触手上布满大量含毒的刺细胞，其危险的程度和迷人的程度相当。数十条触手上的上万个刺细胞能够分泌致命的毒素，足以麻痹一大群鱼。僧帽水母的毒性之强不亚于眼镜蛇。

危险的僧帽水母

如果游泳者被僧帽水母蜇到，首先会产生剧烈的疼痛感，皮肤上会出现红色的像鞭子抽打的痕迹，通常2～3天才会消散。其毒素会侵入淋巴结，让人产生过敏、发热、呼吸困难等反应，有时会干扰人的心肺功能，哪怕是一个健康的人，如果被蜇，严重的会在短时间内丧命。僧帽水母的触手很长，当游泳者看到它们时，其实已经晚了。

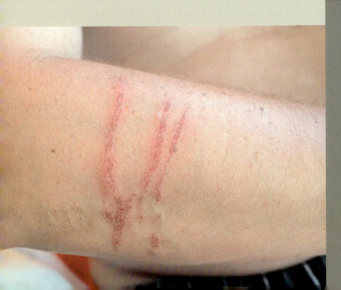

博奈尔岛条纹箱水母

箱水母中有一个新物种，它就是博奈尔岛条纹箱水母。这种水母有又长又扁、犹如绦虫般的触手，它们的"眼睛"构造也很复杂。与其他箱水母一样，它的毒性也很大。

新的物种

博奈尔岛条纹箱水母是一个新的物种，它是一种被一位来自美国佛罗里达州的高中老师在加勒比海博奈尔岛附近海域发现的大型、危险的箱水母。这位老师经多方观察后确定这是一个新的物种，然后将自己汇集的这种未知箱水母50次出现的地点记录报告给了美国华盛顿特区的史密森学会，科学家们立刻就被它迷住了。

🔖 奇闻逸事

从 1989 年以来，已经确认的博奈尔岛条纹箱水母蜇人事件大约有 70 起，其中，45 起发生在博奈尔岛水域中，其余的发生在墨西哥、圣文森特、库拉索岛、洪都拉斯、圣卢西亚等地。

外形特点

博奈尔岛条纹箱水母的伞状体呈箱子形状，高达 15 厘米，有 4 条长且扁平的触手，如同绦虫般。博奈尔岛条纹箱水母的"眼睛"构造极为复杂，有助于提高它们躲避障碍的能力。与其他箱水母一样，这种水母毒性大，但并不是剧毒，除了观察到它们通常在白天觅食外，人们对其了解很少。

难以命名

由于博奈尔岛条纹箱水母游动的速度很快，并且喜欢"独来独往"，人们很难收集到这种水母。它们以小型甲壳动物和鱼类为食。在为这个新物种寻找名字时，科学家们采取了大众在线参与的方式，最后这个物种被取名为"ohboya"，音译为"噢，天啊"，可以想象到这个新的物种带给人们怎样的心理震撼了。

紫色绳状水母

紫色绳状水母的伞状体边缘为紫色，身体呈球形，喜欢在沿海浅水域活动。

紫色绳状水母

紫色绳状水母又称为丝胄水母，是一种罕见的水母，呈紫色或黄褐色半球状。它们的伞状体直径为 10 厘米，上面分布着纵向的条纹，有 8 只绳状的口腕，长约为身体的两倍。地域不同，这种水母的颜色就不同。在印度尼西亚的水域中，该水母是黄褐色的，伞状体边缘为紫色；在日本附近海域则为紫色的。它们广泛分布在印度尼西亚、澳大利亚、菲律宾、日本和帕劳等地。通常在沿海浅水域活动，常常被海流带到海边或内湾。

共栖关系

紫色绳状水母有一种名叫竹荚鱼的小伙伴，二者是共栖关系。当危险来临时，竹荚鱼会快速藏在紫色绳状水母的伞状体内，紫色绳状水母受到触动后会将伞状体收缩起来，将竹荚鱼包裹在内。在紫色绳状水母的帮助下，竹荚鱼就能躲过危险了。

首次被发现

  2014年夏季的某一天，人们在澳大利亚的一个人气很旺的海滩发现了紫色绳状水母。它被海浪冲上岸边，身体呈鲜艳的紫色，如同霓虹灯般明亮。伞状体直径大约为30厘米，还有4条像绳子般的细长的口腕。

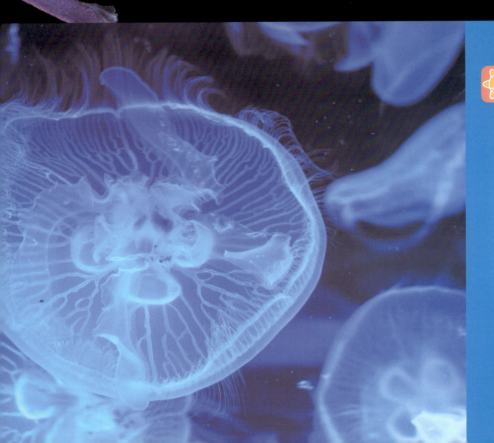

🌐 海洋万花筒

  水母会变色吗？答案是不会。不过有些水母身体内含有特殊的腺体，能产生微弱的生物电流，而且水母本身是透明的，能在外面看见电流，所以它们会发光。

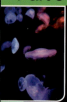

霞水母

　　霞水母属于刺胞动物门钵水母纲其中的一种。最大的霞水母主要分布在大西洋和北冰洋，被称为北极霞水母，它的伞盖直径可达到 2.5 米，伞盖下有 8 组触手，每组触手有 150 条左右，总数量可达 1200 条，当所有触手伸展开，就如同天罗地网一般。触手上分布着刺细胞，刺细胞可以放射毒素，一旦猎物被蜇，就会迅速麻痹而死。

🔬 海洋万花筒

　　北极霞水母因其身体绚丽多彩而得名，其身体呈伞状，通体透明，在阳光的照射下会呈现七彩的颜色。它们生活在北极这种极端的环境中，展现出极强的适应能力。

💡 开动脑筋

　　1. 博奈尔岛条纹箱水母首次在哪里被发现的？毒性大吗？

　　2. 紫色绳状水母和竹荚鱼是什么关系？

1. 博奈尔岛条纹箱水母是在加勒比海博奈尔岛附近海域发现的，它的毒性很大。

2. 共生关系。

　　在我国沿海已发现了4种霞水母，分别是白色霞水母、发形霞水母、棕色霞水母和紫色霞水母。这4种水母都长着8个感觉器、8束纵辐位触手，而且每一束排列成好几排。这4种水母可以根据个体伞径和颜色进行区分。霞水母不仅大量捕食幼鱼、虾、蟹、软体动物的幼虫，而且在每年的8-9月，还会成群结队漂浮在沿海的海面上，不仅容易造成拖网困难，还会损坏定置网具，对沿海的捕鱼量产生很大的影响。

🌼 海洋万花筒

　　水母也会生病。有时水母的伞状体有孔洞、腕足会脱落，有时水母体内会出现气泡，还有的水母会因食物问题而慢慢萎缩，不过，水母是一种自愈能力强的生物，一般的损伤几天内就会自愈。

爱神带水母

　　爱神带水母是一种带形栉水母，其体形优美，身体呈透明状态，其中还会看到一些柔和的紫罗兰颜色，边缘呈彩虹色。爱神带水母主要生活在热带的海域中，它们是优雅的游泳者，依靠身体的收缩等来进行游动。爱神带水母看上去好像是透明的丝带一样，整个身体都呈扁平状，这也是它名字中带水母 3 个字的由来。

　　爱神带水母正常游动的时候，身体会直接向前移动。在逃跑的时候，就变得像鳗鱼一样游动了。爱神带水母有两排特别细小的触手，它们用这些触手捕捉海洋里的微小浮游生物。爱神带水母是一种雌雄同体的物种，不仅可以产生卵子，还可以产生精子，直接在体外就可以结合，这让人感觉有些不可思议。

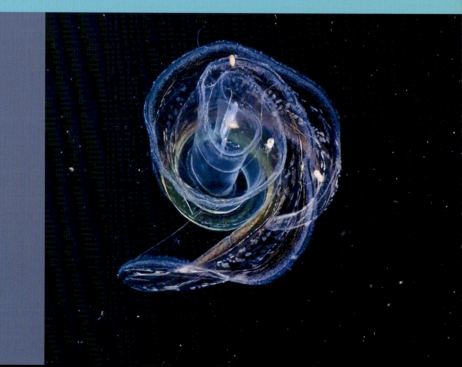

疣灯水母

　　疣灯水母是灯水母科、灯水母属的一种动物，它的外形与灯水母十分相似，与灯水母不同的是，疣灯水母的上伞部有许多疣状突起。疣灯水母的体型通常都比较小，只有灯水母的 1/10 左右。疣灯水母的感觉器的胶质薄片不发达，没有完全覆盖整个感觉穴腔，触手比较粗短。

　　灯水母有剧毒，疣灯水母也有剧毒，但是跟其他的亲戚——黄蜂水母、曳手水母、伊鲁坎吉水母等相比，疣灯水母的毒性实在微不足道。疣灯水母在夜晚也会睡觉，它是已知的几种会睡觉的水母之一。它会把自己挂在海藻上，触手缩入伞内休息。

五角水母

　　五角水母是双生水母科、五角水母属的一种动物。它的前泳钟体呈五角锥形，体表有 5 条边棱．棱上有锯齿。体囊为长圆筒形，顶端到达泳囊顶或稍超过泳囊顶，通常有 1 个油点。五角水母的体型比较小，长 4 ～ 6 毫米，主要在海面以下 100 米内的海洋浅层区活动。

　　五角水母是水母类优势种之一，广泛分布于太平洋、印度洋、大西洋，我国的黄渤海、东海和南海都有分布。

盛装水母

　　盛装水母是盛装水母科、盛装水母属的一种动物。它的身体呈椭圆形，浮囊体比较小，顶端常有红褐色色素点。盛装水母的泳钟体背腹面侧扁，在左右侧面有 1 条侧棱，分成 2 个平面。泳囊呈"Y"字形，泳囊口缘膜比较发达。

　　盛装水母的触手体基部有一层薄膜包着，膜内有卷曲的触手，触手表面有刺丝胞，触手分枝，由 1 个中叶和 2 条细长卷曲的侧须组成。盛装水母广泛分布于太平洋、印度洋、大西洋、地中海、红海的上层浅水区。它们一年四季经常出现在我国南海北部和中部海区。春、夏季节会出现在我国东沙群岛东南和西沙群岛周围海区。

绿叶水母

　　绿叶水母是一种比较神奇的动物，从远处观察，它的形状像一片叶子，即便是仔细观察也与叶子没有太大的区别。说它神奇，是因为绿叶水母从海藻中窃取叶绿体后，不仅将其用于光合作用，以产生维持其活动所必需的碳水化合物和脂肪，而且还将海藻的基因与它身体内的染色体结合形成新基因。这种结合了藻类基因和原始绿叶水母基因的新型基因，不仅可以存在于绿叶水母体内，而且还能够修复叶绿体的基因。

　　绿叶水母并非天生就是绿色的，其幼虫的身体是红棕色的。当幼虫成年后，它们才能找到藻类食用基因，然后身体逐渐变成绿色。绿叶水母吃了海藻后，把海藻的基因留在自己的身体里，并把海藻的基因与自身基因融合，这就是绿叶水母能进行光合作用的原因。绿叶水母的这种神奇能力在其他物种中罕见。

银币水母

　　银币水母的身体呈鲜艳的青蓝色，因形似银币而得名。银币水母在海水中生活时，水母浮囊体呈鲜艳的青蓝色。近距离观察，会发现银币水母的浮囊体由几十个细的同心环和几十条放射肋组成。

　　银币水母主要分布在温暖的热带和亚热带太平洋、大西洋和印度洋，以及地中海和阿拉伯海东部。中国东南沿海也有分布。银币水母以浮游生物、桡足类和甲壳类幼虫为食。它们并没有游泳的能力，只能随着温暖的海流在大海上漂流，所以也被渔民当作"暖流指示种"。在福建南部，渔民会把银币水母称为"鲟镜"，用它们当作鲟鳀鱼夏汛的黑潮指标，从而十分准确地预测出鲟鳀鱼夏汛的到来。

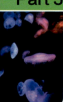

夜光游水母

　　夜光游水母是一种具有很强发光能力的水母。它的体型并不大，成体伞状体的直径也只有 3～12 厘米，伞体宽可达 65 厘米，伞缘有 16 个缘瓣。有 8 条触手和 8 个感觉器，触手与感觉器相间排列。

　　夜光游水母像一盏水晶做的宫灯，加上醒目的彩色点缀，在白天的海洋中十分引人注目。在夜晚，夜光游水母能产生人类可见的弱光。当水波或船舶运动产生的湍流刺激夜光游水母时，光以闪光的形式发射，闪烁的持续时间相对较短，并逐渐消失。夜光游水母之所以有很强的发光能力，是由于它们的生殖腺具有发光蛋白酶。

地中海的恶霸

　　夜光游水母虽然身体很小，但是它们却在地中海叱咤风云。夜光游水母身上的刺细胞蜇在人的身体上后，会让人难受好一阵子，它虽然不像箱水母那样会释放致命的毒素，但是也可能会引起头晕、呕吐和腹泻等症状。还有可能在数年后突然复发皮肤病，伤口处会留下疤痕或色素沉着，甚至会保留多年。

　　夜光游水母之所以能够在地中海中叱咤风云，并不单单依靠它的毒性，还有对当地经济的影响。当大量的夜光游水母被冲上岸时，海岸上满满的水母会阻塞渔民想要收回的渔网。许多到海边游玩的游客看到这样吓人的场景也会望而却步。

奇闻逸事

　　夜光游水母可以称为"鲑鱼杀手"。据英国广播公司（BBC）的报道，拥有小巧玲珑身体的夜光游水母能够自由地穿梭于养鲑鱼的鱼笼中，它们会对鲑鱼展开疯狂的杀戮。

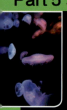

伊鲁坎吉水母

伊鲁坎吉水母是箱水母目中的一种有剧毒的水母，其身体呈顶针状至管状，钟状体高 1 ~ 50 厘米，有 4 条触手，触手长约 1 米，每条触手上都分布着大量的刺细胞，刺细胞呈带状排列。它主要分布在滨海浅水区、热带礁区和岛屿附近海域。

🔆 海洋万花筒

每年都有数百万名喜欢岛屿、沙滩的旅游者前往大堡礁、佛罗里达、夏威夷、加勒比海等温暖舒适的热带和亚热带海滩度假。但这里潜藏着人类看不见的危险，即一种有毒的水母——伊鲁坎吉水母在这里活动着。

伊鲁坎吉水母的毒性

伊鲁坎吉水母的毒性很大，它是全球毒性最大的水母之一。其体内蕴含毒素的毒性远大于眼镜蛇，如果被它们蜇到，在刚开始只会感觉到轻微的刺痛，有时甚至会没有感觉，但在 5 ～ 40 分钟后，一系列症状就会出现，后腰会感觉到剧烈疼痛、呼吸急促、出汗，并开始抽搐，感觉有东西在身上爬过、咳嗽，甚至产生濒临死亡的感觉，会出现肺水肿、中风或者心力衰竭的情况。这些症状被称为伊鲁坎吉症候群。

奇闻逸事

人类发现的第一只伊鲁坎吉水母的身体只有 1 厘米长，4 条触手却长达 100 厘米，是体长的 100 倍，细得像蜘蛛吐的丝。伊鲁坎吉症候群出现后的一段时间内，科学家都没有找出伊鲁坎吉水母成群结队出现在澳大利亚海滩沿线的规律。直到 2012 年，人们才发现信风的下沉导致了这种水母的大量出现。

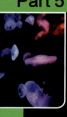

气囊水母

　　气囊水母看起来十分美丽，它的触管上面是由泳钟体构成的气泡状区域，再往上有一个很小的银色充气浮囊。

形态特征

　　在管水母群体中，气囊水母是一种十分美丽的水母，它最明显的特征就是有一圈耀眼的粉橙色触管（蜇棒）。在运动时，气囊水母一般被动漂流，或者凭借泳钟的搏动来慢慢移动。

异形群体

　　气囊水母有时会出其不意地将自己的触管舒展开，虽然到现在为止，人们也不知道这种行为的缘由，这也许是出于保护自己，让群体显大一些。它们主要吃浮游生物、幼虫和鱼卵。气囊水母不是单一的物种，而是由多数异形个员集合成的群体。这些个员团结一致，各自发挥着不同的功能，如捕食、生殖和感觉等。

分布范围

　　气囊水母通常生活在远洋的光合作用带、中层带、深层带中，春季和夏季出现在我国东沙群岛东北部、东南部海区以及北部陆架区，广泛分布在大西洋、太平洋和印度洋。

海洋万花筒

　　气囊水母的浮囊底部有一个可以放出气体的小孔，用来控制整个群体的浮力，同时可以用腺体的分泌物重新填充。

澳洲斑点水母

澳洲斑点水母属于根口水母目，是一种大型水母，钟状体直径达 50 厘米，有 8 只带褶边的口腕，每只口腕处有一根小棒。这种水母常常生活在浅海区的光合作用带，能够进行光合作用。

生活习性

澳洲斑点水母吃海月水母、丰年虾、磷虾和藻类，同时会被巨型煎蛋水母吃掉，所以也进化出了更多的防御功能，如白色的斑点上带有刺细胞，捕食时会伸长拖在身后的触手。澳洲斑点水母只有约 3 个月的生命，主要分布在大澳大利亚湾、大分水岭沿海、新西兰双岛沿海和大堡礁。

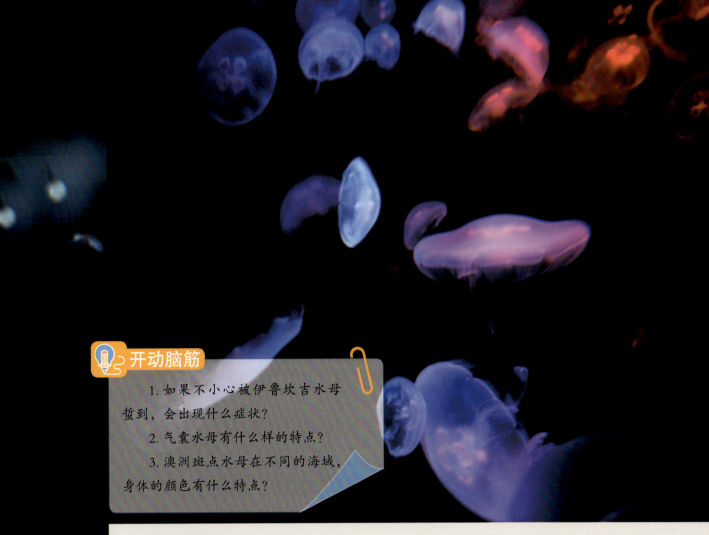

🔦 开动脑筋

1. 如果不小心被伊鲁坎吉水母蜇到，会出现什么症状？
2. 气囊水母有什么样的特点？
3. 澳洲斑点水母在不同的海域，身体的颜色有什么特点？

颜色的变化

在澳大利亚西南部，澳洲斑点水母呈深橄榄棕色，夹杂着白色的斑点。棕色是来自其共生藻类的颜色，这些藻类能进行光合作用，为水母提供碳水化合物，满足其一大部分能量的需求。但入侵到墨西哥的澳洲斑点水母由于没有这些共生藻类，所以身体呈浅蓝色或浅白色。这些入侵到墨西哥的澳洲斑点水母必须从海水中捕获浮游生物，这给当地的生态系统带来了一定的压力。

📙 奇闻逸事

2000年，墨西哥沿岸的渔民发现了一个陌生的物种，它们体型巨大，并且有十分醒目的配色，白色的身体上有明亮的斑点。科学家们很快认出它们是澳洲斑点水母，原产于澳大利亚西南部。

147

瓜水母

瓜水母是结构简单的兜状生物，它们没有触手、口叶。它们的口中有高度特化的纤毛，那是它们的牙齿。瓜水母喜欢吃凝胶状生物，主要是其他的栉水母。

形态特征

瓜水母是栉水母门中的一种动物，成熟个体的体长一般为 6～10 厘米，最长为 30 厘米，全身半透明，呈淡蓝色帽状，口端又扁又宽。背口端凹叶底部的表面有感觉囊，一排分枝感觉触丝位于平衡囊的两侧，栉板的外侧有 2 个排泄孔。8 条子午管位于栉毛带的下面，子午管之间的侧枝交错在一起，如同网状，近口端有很多的网状管。它们主要生活在海洋中的光合作用带、中层带和远洋深层带。

捕食方法

当瓜水母遇到小一点的猎物时，它们会从猎物身边游过去，然后来一个回马枪，就像一口吃掉一个小笼包一样，用口裹住猎物，将它吞下去。如果猎物够大，一口吃不下，瓜水母也会狠狠地咬下大块的组织，直到吃饱为止。由于瓜水母只吃凝胶状生物，主要是其他栉水母，因此对人类不构成威胁。

蓝色闪光

瓜水母的身体呈兜状，游动对它们来说是一个挑战。瓜水母是口朝前游动的，这就要冒着身体被灌进水的危险。幸好瓜水母的口两端有黏性细胞，可以把口粘住，能够使它们有效地游动。它们会发出明亮的蓝色闪光，用于自我保护。瓜水母还是雌雄同体的。

紫蓝盖缘水母

紫蓝盖缘水母是盖缘水母科、盖缘水母属的一种动物。本种外伞中部有一条明显的冠沟，冠沟顶上部分呈圆锥状或尖锥状。伞状体直径一般为 22 ～ 24 毫米，钟状体大，内有一个深红色的胃，胃囊中有胃丝。它们主要生活在海洋中的光合作用带到远洋深层带，也出现在挪威等海区的所有深度。

像小星星

生活在深海的号称"圣诞老人帽水母"的紫蓝盖缘水母就像小星星一样，一闪一闪的。它们用这种零散的荧光来掩饰自己的大小。虽然这样的闪光会吓走一些动物，但是也会成为被攻击的目标。尤其是它们吞噬掉的一些浮游生物所发出的光会给它们带来不必要的麻烦。所以，它们拥有一个不透明的红色胃，能有效地遮挡猎物在它们胃里所发出的光。在深海中，红色看起来和黑色一样，让它们的胃无法被看到。

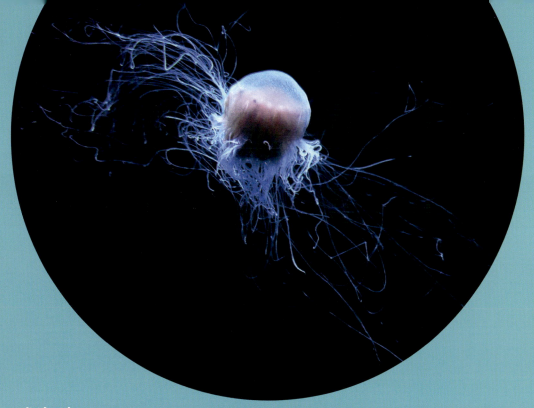

入侵挪威海峡

当挪威海峡的鱼类因被人类过度捕捞而减少的时候，紫蓝盖缘水母趁虚而入，占据了一片海域，紫蓝盖缘水母属于策略性捕食者，不需要看见也可以捕获到食物，这样，它们在鱼类等视觉捕食者面前占据了优势，很快，在挪威海峡形成了一种新的物种平衡，紫蓝盖缘水母成了这里的顶级捕食者。

⚛ 海洋万花筒

紫蓝盖缘水母有时也叫头盔水母，它们的身体为深红色或紫色；伞状体透明或乳白色，下伞部呈蓝紫色或紫罗兰色。胃部包含在伞状体内，呈暗红色或紫褐色，受到刺激时，伞部会发出闪烁的蓝色光斑。

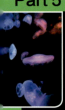

礁环冠水母

礁环冠水母是钵水母纲、冠水母目、领状水母科、环冠水母属中的一种生物。这种水母生活在深海之中，它的名字来自人们对挑战者探险队的首席科学家查尔斯·威维尔·汤姆森的纪念。

形态特征

礁环冠水母的体色非常好看，是深红色的。它的伞部显得比较扁，像一个圆盘。礁环冠水母的伞状体直径为 7 ～ 12 厘米，伞状体高度为 3.5 ～ 5 厘米。其冠沟在伞顶的 1/5 处，在冠沟下面的伞部有 20 ～ 22 条浅的放射辐沟，把伞部分成 20 ～ 22 个缘叶。

会发光的礁环冠水母

当礁环冠水母受到攻击时，会发出一系列闪光，从而把攻击者显现出来，让那些捕食攻击者的动物可以清楚地看到攻击者。这样一来，礁环冠水母就能逃过一劫。科学家们曾通过模仿这类水母发出的闪光，在深海中吸引来了一只巨型乌贼。

触手的分工

在科技发达的今天，科学家们发现礁环冠水母的触手在捕食时是有分工的。它们身后的触手中总有一条长而肥厚的，那是它们用来捕捉管水母等小水母属和其他凝胶状生物的，其他触手虽然也是用来捕食的，但是捕获的大部分都是浮游动物，如桡足类。礁环冠水母的敌人是一种叫"Notostomus robustus"的深海虾物种。这种硕大鲜红、浑身布满了荆棘的虾曾经被观察到以礁环冠水母为食。

独特的生物光

和很多深海动物一样，礁环冠水母同样会发出生物荧光，只不过它们所发出的荧光是条纹状的蓝色荧光，在钟状体上呈圆形波动，而不是一般的闪光。当受到袭击时。这一系列的闪光能将攻击者暴露在其捕食者的视力范围内。

 开动脑筋

1. 瓜水母有牙齿吗？

2. 紫蓝盖缘水母发出的生物荧光的作用是什么？

3. 礁环冠水母触手的分工是什么样的？

参考答案

1. 它们的口中有透明且钙化的牙齿，并是它们的牙齿。

2. 能够保护自己的天敌。

3. 长而肥厚的触手，是用来捕捉小水母和其他凝胶状生物的，其他触手则是用来捕捉浮游动物的。

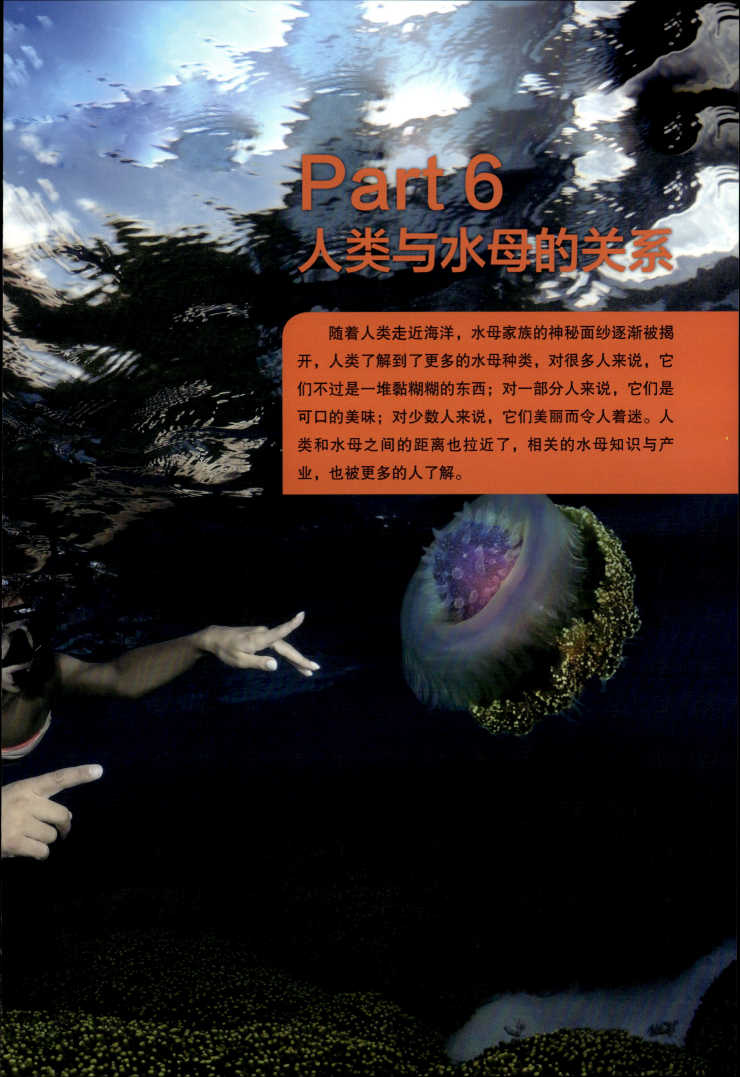

Part 6
人类与水母的关系

随着人类走近海洋，水母家族的神秘面纱逐渐被揭开，人类了解到了更多的水母种类，对很多人来说，它们不过是一堆黏糊糊的东西；对一部分人来说，它们是可口的美味；对少数人来说，它们美丽而令人着迷。人类和水母之间的距离也拉近了，相关的水母知识与产业，也被更多的人了解。

水母化石

说到化石，人们一定会马上联想到恐龙化石和其他各种动植物的化石，在人们的印象中，化石一般都是巨大而沉重的，很难想象水母也可以留下化石。水母化石不会像骨头那样留下自身，相反，它们会留下像脚印一样浅浅的印记。能成为化石的物体通常都会留些自己身体的一些特征。水母也是一样，对水母来说，辐射对称性是一个强有力的证据，因为有时候口或生殖器官会变成化石；同心对称性也是一个证据。偶尔在超精细的沉积结构中，人们发现了水母的触手或者栉板带化石。

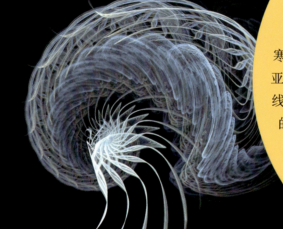

前寒武纪的水母

已知最早的水母化石出自大约 5.85 亿年前的前寒武纪最后一个时期的埃迪卡拉纪，地点是在澳大利亚的埃迪卡拉山。在这之后，人类陆续在俄罗斯白海沿线、纽芬兰的海滨断崖及纳米比亚的山区发现了类似的化石。当 1946 年埃迪卡拉化石被发现时，它们中有部分一开始就被解读为水母，后来被重新解读为其他形式的生命。

海洋万花筒

水母是没有意识的。因为它们没有脑袋和心脏，它们主要通过神经系统来控制肌肉进行活动，也就是说，它们只能受神经冲动的支配，不能进行思考。

世界上有些地方认为水母是一种美味的食物，如马来西亚每年会吃掉几百吨水母。大部分水母由于有毒，是不能吃的，但海蜇和海月水母被认为肉质鲜美、营养价值高，可以食用。

寒武纪的水母

　　早寒武纪突然间就结束了，然后就是进化中的一次"大爆炸"，也就是寒武纪生物大爆发。当进入晚寒武纪，大量水母在如今的美国威斯康星州的砂岩层中搁浅，水母化石由此形成。20世纪80年代，古生物学家在中国云南省发现了澄江泥页岩地层，这个地层大约形成于早寒武纪到中寒武纪之间的一个时期。人类在这个非凡的化石遗址中挖掘到了十分精细的软体动物化石，其中包括3块栉水母化石。

水母化石的细节

　　寒武纪生物大爆发2亿多年以后，箱水母和其他软体动物开始出现在细腻的铁矿石沉积结构中，并形成了化石。位于现今的美国伊利诺伊州北部的马荣溪地层含有的物种来自大约3亿年前的石炭纪的中宾夕法尼亚世。这些水母体在形成化石时保留了许多精致的细节，如果它们现在还活着，和其他水母无异。

晚拉丁期的水母化石

西班牙东北部加泰罗尼亚地区有一处保存完好的化石遗址，即 Montral-Alcover 地层。它来自大约 2.35 亿年前的中三叠世至晚三叠世的晚拉丁期。这里发现了两个和今天的水螅纲水母十分相似的物种的化石，其中 1/3 的水母物种已经不复存在。

变化很小

人们在因始祖鸟而闻名的德国巴伐利亚州的索伦霍芬地层中发现了几个水母物种的化石，包括与今天的鲸脂水母相似的大型水母的化石。这些水母大约是在 1.55 亿年前的晚侏罗世时期被掩埋起来的。有意思的是，水母化石中的水母形态都和生活在今天的水母物种几乎没有什么区别，这说明水母作为一个成功的物种，在将近 6 亿年的时间里都没有发生太大的变化。

Part 6 人 类 与 水 母 的 关 系

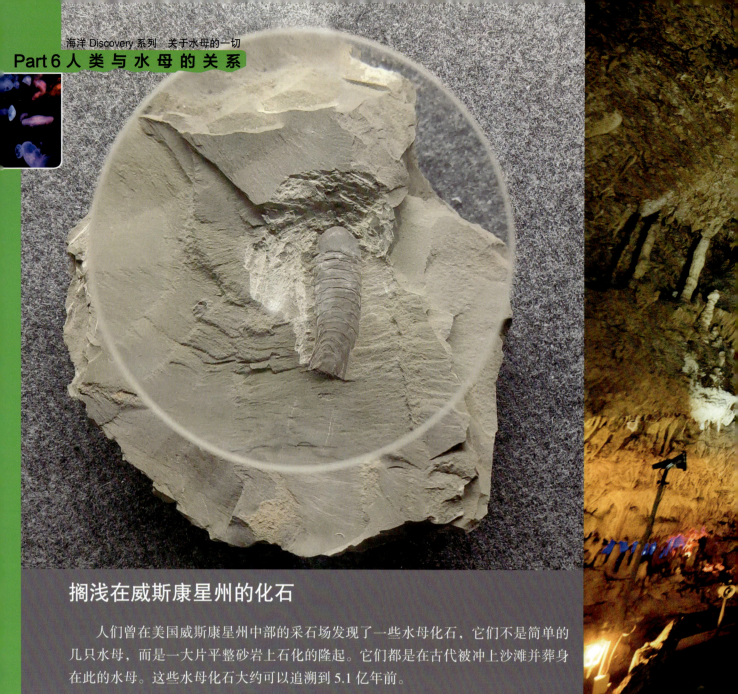

搁浅在威斯康星州的化石

　　人们曾在美国威斯康星州中部的采石场发现了一些水母化石，它们不是简单的几只水母，而是一大片平整砂岩上石化的隆起。它们都是在古代被冲上沙滩并葬身在此的水母。这些水母化石大约可以追溯到 5.1 亿年前。

🌀 海洋万花筒

　　科学家们解读和研究化石，并不是一件容易的事。人们曾经发现过一块化石，这块化石很少见，品相也比较奇特，让人们觉得很惊奇。可问题是，这究竟是谁的化石呢？科学家们无法得知这个问题的答案，只知道这块化石具有水母和海面的共同特征。

参考答案
1.澳大利亚的兰福海卡特儿。
2.伴水母化石。
3.约5.1亿年前。

兰福化石

对于一些水母化石的起源，人类也说不清，例如，来自澳大利亚西部的星状化石，人们在兰福发现了它们，这里有著名的条带岩石，这是一种给人们留下深刻印象的沉积岩石。这些沉积岩石中有许多碟状印迹，呈辐射状，一些科学家们认为它们是银币水母化石。这些化石来自前寒武纪的一个冰川时代，名叫成冰系。

海洋万花筒

冰川时代，即冰期，指地球天气极度寒冷，高纬度地方的广阔区域为大陆冰川所覆盖的时期。这种变化的原因尚不确定，但经历的时间很长，主要包括寒武纪、石炭—二叠纪、第四纪大冰期。

开动脑筋

1. 人类最早在哪里发现了水母化石？

2. 古生物学家在中国云南省的澄江泥页岩地层里发现了什么水母化石？

3. 搁浅在威斯康星州的水母化石大约可以追溯到多少年前？

人类和水母

　　水母作为海洋中比较底层、数量巨大的无脊椎动物，它们对人类有好也有坏，有些有毒的水母会让人痛苦地失去生命；有些水母，如海蜇之类的，具有很高的营养价值，吃起来口感也很不错，很受人们的欢迎；有些水母还可以入药，具有不错的医疗价值。有些地方的渔民会根据水母的品种和密度来预测鱼汛期。这些都是水母对人类的直接作用。

水母的间接作用

　　通过水母，人类间接地受到一些启发，发明了很多有益的东西，例如，根据水母游动的特点发明了水母机器人，它比鱼形机器人更灵活、游速更快；根据水母的外形，制作出仿真水母，有精美可爱的造型，还有灯光和音乐，放在水族箱或者小朋友的手中，是不是很漂亮？虽然水母对人类来说有很多值得研究的地方，但如果数量过大，没有天敌的制约，它们对人类来说也是一种"灾难"。

水母暴发

　　水母暴发是指水母在特定季节、特定海域内数量剧增的现象。水母的数量迅猛增加以后，水母们会涌入海滩，用它们的毒刺蜇伤人类。水母也可能侵入三文鱼的养殖场里，夺走三文鱼的食物和生存空间。水母太多了，还可能吓跑鲨鱼和鲸，把人们的渔船掀翻。大量水母聚集，甚至有可能堵塞发电厂的冷却设施，使核电站被迫关闭。

Part 6 人 类 与 水 母 的 关 系

渔业发展

人类和水母的关系主要表现在海洋渔业上。除了海蜇等几种大型钵水母是渔业直接捕捞生产的对象外，水母与其他的海洋生物之间的关系，对维持生态平衡有极其重要的作用。

目前，我国是世界上极少数直接利用水母资源，采用定置网等传统捕捞方法与符合科学原理的加工方法，捕捞、加工海蜇等几种大型钵水母为食品的主要产销国。我国的水母主产区在沿海一带，一般产量都很高，产品主要销售到以日本为主的国际市场。

水母的水平分布与海流、气象有密切的关系，某些水母可以作为海流的指向标。例如，福建渔民曾经就利用太平洋银币水母作为一种经济鱼类的夏汛指示标，如果海面情况正常，在出现太平洋银币水母后的 10 天之内必会出现这种经济鱼类，这对探索鱼群位置、指导渔业发展有很重要的意义。

经过调查发现，海蜇的多少与其他鱼虾的产量成反比，渔民认为，海蜇的分泌物导致了海水水质的变化，让海水变得发臭，对鱼虾有害，从而起到了驱赶鱼虾的作用。

水母的危险性

　　水母的刺细胞能够释放毒素，对人类有很大的危害。例如，被僧帽水母的毒素刺入身体，会导致严重的后果，甚至死亡。海南省三亚市就发生过几例游泳者和潜水员被水母蜇伤后身亡的事故。

🌟 海洋万花筒

　　人们到海边游玩时，要防止被水母蜇伤。如果大家来到一片陌生的海域，可以先问问当地人或者商户，这片海域是否有水母出没，是否发生过水母伤人的事件。大家也可以先朝海滩上看看，是否树立着"本海域有水母"的提示标识。人们也可以看看海面上是否设立了水母安全网。

栉水母是人类的"祖先"

　　根据英国的《每日邮报》报道，长时间以来，科学家认为人类的祖先是海绵，但最新的基因研究表明，栉水母可能才是人类进化的始祖。研究人员经过研究后发现，栉水母与全球其他动物种类存在亲缘关系，并认为栉水母是人类最早的祖先物种之一。

　　这项研究由美国迈阿密大学和美国国家人类基因组研究所的科学家们共同负责。他们希望可以建立完整的栉水母基因组序列。在研究的过程中，他们对一种特殊的栉水母，即生活在大西洋中的"海核桃"进行了研究。他们先是绘制了"海核桃"的基因图，发现了其 DNA 与其他动物相同，从而得出了它们可能是"物种始祖"的结论。他们将研究成果发表在《科学》杂志上，并表明栉水母具有一切其他物种的基因序列，可能是生物进化树最早的分支。

研究成果的重要作用

　　"栉水母是人类的'祖先'"这项研究将对一切动物形成肌肉和神经系统的理论产生影响。科学家认为，人类最早的祖先是海绵，但它们既没有肌肉，也没有神经系统。这种理论的前提是假定其他动物随着时间的流逝而进化出这些特征。但是，如果说栉水母是人类的祖先，则说明它们在进化的过程中丢失了肌肉和神经系统。美国国家人类基因组研究所的安迪·巴谢瓦尼斯博士认为，就基因组学观点来说，栉水母的基因组数据十分重要，它们让我们认识到早期物种的身体结构特征。

开动脑筋

1. 水母对人类有什么好处？
2. 哪个种类的水母毒素最强？
3. 栉水母真的会是人类的"祖先"吗？

3. 目前科学家还没有定论。

2. 澳大利亚箱形水母。

1. 有些水母具有很高的营养价值，加工后可入药，还可以治疗有关血管的疾病。

参考答案

过度捕捞

　　过度捕捞是指人类的捕鱼活动导致海洋中生存的某种鱼类种群不足以繁殖并补充种群数量,它包括对鱼类每年补充种群的能力造成负面影响的任何一种捕捞方式。所以,尽管不少捕捞方式所捕获的渔获量在法律所限制的范围内,但依然给某些种群带来毁灭性的打击。

过度捕捞和水母之间的关系

　　科学家最近才开始理解鱼类和水母之间的生态平衡关系。在正常、健康的生态环境中，鱼类更占有优势，因为它们灵活机动，鱼类和水母是彼此的捕食者和竞争者。但是随着鱼类减少，给了水母发展的空间，它们能吃的东西变多了，繁殖得更快了，这导致鱼类的食物和生存空间不断减少。这就创造了一种有利于水母的正反馈循环。

　　想想就可怕，水母会吃鱼的幼体和幼体所需要的浮游生物，使鱼类没有了生存的空间，这会加剧鱼类的消亡，要知道全球有1亿多人以鱼类作为主要蛋白质来源。更多的鱼类是水产养殖的饲料、农业肥料，以及关节和脑部功能健康补品的重要成分。还有一些我们关心的物种也依赖鱼类，如鲸、海豚、海鸟和北极熊等。如果没有了鱼类，人们会面临怎样的危机？没有鱼吃，没有可观赏的鱼类，人类的生活是不是会变得单调了一些？要知道，大部分的水母是不能食用的，有些种类的水母还有剧毒。要是让你天天吃类似"铁板鱿鱼"的水母食物，你会不会心生厌恶，怀念吃鱼的感觉？

全球五大水母湖

　　世界上的"水母湖"实际上是地质环境非常特殊的海洋湖，它们主要分布在帕劳、印度尼西亚和越南的周边海域。大约在 1.2 万年前，海平面上升，海水通过地质裂缝开始逐渐充满盆地，形成了一个个小型内陆咸水湖，与外界海面完全隔绝。

　　湖中的大多数海洋生物都随着养分的消耗而消亡，只剩下了一些低等的、靠少量微生物就可以生存的海洋生物，水母就是其中之一。于是，这些有水母存在的海洋湖就被称为水母湖。

　　在五大水母湖中，帕劳水母湖比较著名。帕劳水母湖成名最早，水母数量最集中。在帕劳约 70 个海洋湖中，宣称全球唯一能看见无毒黄金水母的只有帕劳水母湖。湖中的水母为了追逐阳光或为共生藻类补充"肥料"，每天都会定时、定点地进行"大迁徙"，场面异常壮观。

除了著名的帕劳水母湖之外，还有四大热门水母湖。例如，菲律宾的索霍顿湾国家公园，这个潟湖的水底生活着大量的海胆，湖中还有数不清的庞大的无毒水母。岛上到处都是石灰岩洞和毫无污染的白色沙滩，内陆海洋湖边的红树林生态系统非常健康繁茂。

卡卡班岛是德拉旺群岛的一部分，这里的海洋湖泊也非常出名，众多的海洋物种在这里受到保护，其中最有名的就是无毒水母，而且这里拥有4种不同的水母。

米苏尔岛周围围绕着众多的珊瑚小岛和海洋湖，这里至少有3个无毒水母湖，但都比较隐蔽，需要经验丰富的当地向导带领前往。

苏拉威西岛四面环海，这里的马里恩湖也盛产水母，它们与帕劳的黄金水母的外形几乎一样，属于同一个种类的亚种，身上有少许白色斑点，体型比帕劳的黄金水母更大一些。

Part 6 人类与水母的关系

世界著名的水母馆

中国天津滨海新区著名的塘沽外滩河畔，有一座占地面积约 15 万平方米的建筑，那就是国家海洋博物馆。其中的水母馆里有数万只水母，品种多种多样。

在"未来水母馆"的展示区域，五颜六色的圆柱形展示缸有很强的空间感，配合悬挂的水母的发光造景，游客在这里能放松心情，感受美景。看水母的时候可以慢慢适应水母的节奏，让自己的心灵净化、平静，这或许可以称为"心灵的SPA"。

日本山形县鹤冈市的加茂水族馆拥有种类丰富的水母，展示的水母有 50 种以上。色彩缤纷的水母在水中悠闲地漂游，让人的内心仿佛也得到了治愈。这里有世界上最大的圆形水槽，其直径有 5 米、水量达 40 吨，里面约有 1 万只海月水母。在深蓝色的灯光下，悠然游动的水母的优美身姿令人百看不厌。

加茂水族馆内有一个"鱼匠餐厅"，餐厅以饮食教育为主题，为游客提供海鲜盖饭和套餐为主的限定菜品等，大多使用庄内海滨捕获的当地鲜鱼精心制作；水母水族馆还售卖特色水母拉面和水母冰淇淋，这些食物非常受游客欢迎。水母梦幻剧场还会举行"音乐晚会"，水母和音乐的配合呈现梦幻般的效果。

Part 6 人类与水母的关系

世界水母日

　　每年的 11 月 3 日是世界水母日。水母是海洋中重要的浮游生物，它们已经在地球上生活了 5 亿多年。早在鱼龙和其他巨型爬虫类动物称霸海洋之前，水母就已经存在了。这种古老的多器官动物见证了侏罗纪时期的巨兽走向灭绝的历史，然而它们却仍在随洋流漂浮，如今几乎在所有海域都能看到它们的身影。

在世界水母日这天，会有许多游客前往帕劳水母湖游玩，潜水员也会潜入海里，与水母做一次近距离的互动。水母那令人惊叹的美丽，会让人们感受到它们的迷人魅力。在帕劳水母湖，成千上万只黄金水母一起追逐阳光，在湖区展现梦幻般的场景。在经过数千年的隔绝生活后，帕劳水母湖里的水母已经进化到不再蜇人，它们从共生藻类中获得能量。因此，它们成为人们眼中最具魅力的海洋精灵。

Part 6 人类与水母的关系

水母食谱

　　水母的种类很多，其中的海月水母和海蜇可以食用。其他种类的水母通常都具有一定的毒性，食用后会出现中毒反应。据《本草纲目》所述，海蜇有清热解毒、化痰软坚、降压消肿等功能，对气管炎、高血压、胃溃疡、哮喘等有一定的疗效。

▲月牙海蜇裙边

▲凉拌海蜇

▲金瓜拌海蜇

▼萝卜丝拌海蜇

▲ 海蜇馄饨

▲ 老醋海蜇

▲ 葱爆海蜇

▼ 糖醋海蜇

▼ 海蜇马蹄萝卜汤

环境变化的影响

气候变化是指气候平均值和气候离差值出现了统计意义上的显著变化。简单地说，天气是发生的事情，而气候是我们期望发生的事情。目前，气候变化主要包括全球气候变暖、臭氧层破坏，以及酸雨等。其中，全球气候变暖是人类最关心的问题。

气候变化和水母的关系

当全球气候变暖时，温暖的海水会让水母新陈代谢的速度加快，使它们生长得更快，吃得更多，繁殖速度加快，并且寿命更长。水母的大量繁殖反过来会使全球气候变暖现象加剧。它们的黏液和溶解在水中的有机物质会把一类细菌吸引过来，这种细菌会将水母身上的能量转化为二氧化碳。因此，水母的一生，特别是死亡的时候，都会产生大量的二氧化碳。

海洋酸化

　　海洋酸化是指海水从空气中吸收二氧化碳，导致酸碱度降低的现象。我们一般用 pH 值来表示酸碱度。pH 值为 0 时，代表着酸性最强，pH 值为 14 时，代表着碱性最强。通常情况下，海水为弱碱性，其表层水的 pH 值大约为 8.2。海洋就如同一块巨大的海绵，当从空气中吸收过量的二氧化碳时就会酸化。酸化后的海水的化学性质发生了变化，并且其 pH 值会变得越来越低。

海洋酸化和水母的关系

　　研究人员发现，在水母的生理活动中，最容易受到海洋酸化影响的好像是平衡性。许多类型的水母都会有一枚或者数量众多的平衡石。模拟实验表明，海洋酸化会影响平衡石，导致水母进行不规律地游动。当水母也无法承受海洋酸化带来的后果时，其他物种早就在极度糟糕的环境中挣扎了很久。

化学污染

　　全世界已经合成了 1000 多万种化学物质，每年有 1000 多种化学物质新登记注册并被投入市场。这些化学品提高了生产力、推动了社会的进步、方便了人类的生活。但在生产、运输、使用和废弃的过程中不可避免地进入环境中，造成了化学污染。如今，成千上万种具有潜在危险的化学物质出现在我们的食物、饮用水和呼吸的空气中。

化学污染对水母的影响

　　水母属于少数不会受到化学污染的生物。许多类型的化学物质对它们都无法产生毒害，因为它们的寿命很短，发展不出癌症或其他慢性疾病。此外，它们的身体结构也排除了疾病的可能。影响人类和动物的骨骼、脑细胞或肝的癌症不会影响水母，因为水母没有这些器官。

　　水母的生物学特性将化学污染对它们的影响降到最小，从而最大化了化学污染的总体生态危害，让其他物种更难以从受到损害的状态中恢复。在某种情况下，当鱼类和其他物种受到化学物质的毒性危害之后，水母可能会成为最后一批幸存下来的物种之一。

富营养化

　　富营养化是一种氮、磷等植物营养物质含量过多而引起的水质污染现象。这些养分通常是植物营养物质，或者是生活污水的分解产物，所以，富营养化是指水里出现了过多的肥料，导致水生生物，尤其是藻类大量繁殖，使生物的种类和数量都发生了改变，从而破坏了水体的生态平衡。

富营养化和水母的关系

富营养化会导致水体，特别是底层水体中所溶解的氧的浓度下降，同时改变水母的食物数量和食物种类等。

在富营养化的水体中，水母的种类，即物种多样性会降低，但是一些能够适应这种水体的水母数量将增加，不少水母都能够通过避开缺氧层而生存下来，这是由于在富营养化水体表层所溶解的氧含量同样很高。水母会停留在拥有大量浮游生物的死亡区的上方，来捕获小型生物。

在这些营养过剩的水域，高密度的浮游生物使海水的能见度降低，但水母作为一种策略性的捕食者，受到的影响很小。

成为顶级捕食者

和大多数的其他动物相比，水母有令人吃惊的低氧气消耗速度，并且它们能够储存氧气，这是因为其体内存在一种凝胶状的组织。如此一来，它们就可以下降到无氧或者氧气不足的水域。

在很多水域的死亡区的上方，水母已经成为绝对的顶级捕食者，导致鱼类更无容身之地。这些水母统治了整个水域，任何进入这个区域的生物都会成为它们的猎物。

附录
水母图鉴

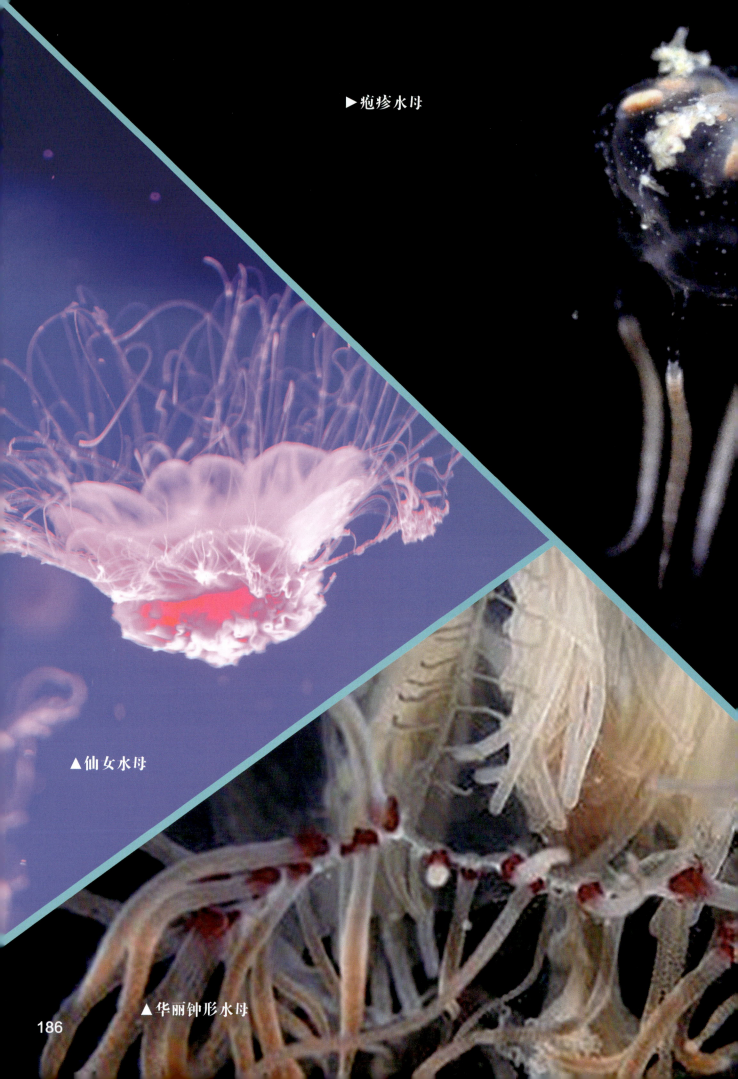

►疱疹水母

▲仙女水母

▲华丽钟形水母

▲维多利亚多管发光水母

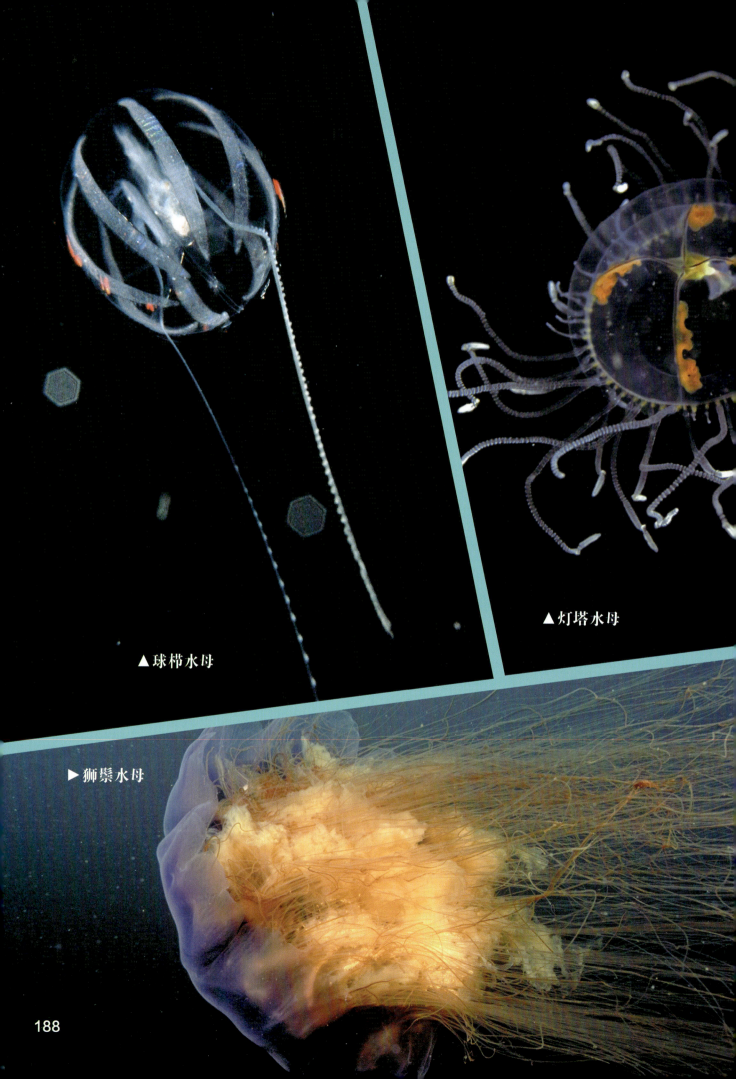

▲ 球栉水母

▲ 灯塔水母

▶ 狮鬃水母

▲ 冥河水母

▲ 煎蛋水母

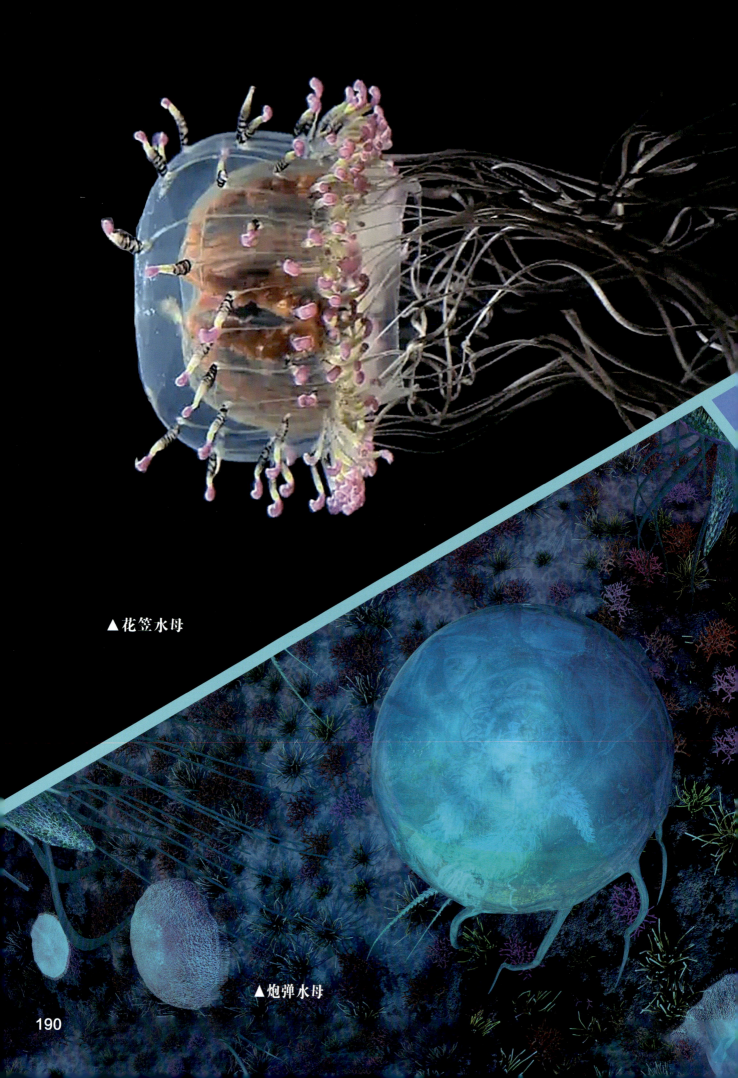

▲花笠水母

▲炮弹水母

190

▼紫海刺水母

▼黄金水母

▲紫蓝盖缘水母

▲瓜水母

▼僧帽水母

▲管水母

193

▲冠水母

▲博奈尔岛条纹箱水母

◄灵气水母

▲帆水母

▶气囊水母

▲澳洲斑点水母

▼伊鲁坎吉水母

▲紫色绳状水母

197

海洋 Discovery 系列
关于水母的一切